YOUXIANGCUN XUEDILI

游乡村学地理

——北京部分远郊区县地理野外考察活动推荐

王海燕　杨　光　张明庆　等著

首都师范大学出版社
CAPITAL NORMAL UNIVERSITY PRESS

图书在版编目（CIP）数据

游乡村学地理：北京部分远郊区县地理野外考察活动推荐 / 王海燕等著.
— 北京：首都师范大学出版社，
2012.7
ISBN 978-7-5656-0927-5
Ⅰ. ①游… Ⅱ. ①王… Ⅲ. ①郊区 – 人文地理 – 北京市 – 中小学 – 教学参考资料 Ⅳ. ①G633.593
中国版本图书馆CIP数据核字(2012)第169563号

YOU XIANGCUN XUE DILI
游乡村学地理
——北京部分远郊区县地理野外考察活动推荐
王海燕　杨光　张明庆等著

设计制作　文华尚艺
首都师范大学出版社出版发行
地　　址　北京西三环北路105号
邮　　编　100048
电　　话　68418523（总编室）68982468（发行部）
网　　址　www.cnupn.com.cn
印　　刷　北京嘉实印刷有限公司
全国新华书店发行
版　　次　2012年8月第1版
印　　次　2012年8月第1次印刷
开　　本　889mm ×1194mm 1/16
印　　张　11
字　　数　248千
定　　价　42.00元

编写组成员

（以姓氏笔画排序）

刁云波　王健康　王海燕　卢凤琪　刘东宝　刘丽华　杨　光

李春旺　张林春　张明庆　陈志山　邵冬梅　单　超　屠守全

做自己“地盘”的专家

（代序）

一次研修，有边远地区的地理教师问如何找到指导他们进行地理考察的专家，这让我想起北京门头沟地理教研员李春旺老师。那年我执行学校的安排，到北京顺义区为那里的初中地理教师上课，发现有相当多教师不是学地理出身后，决定安排一次地质野外实习，让他们体验一下地理教师野外工作的基本程序，我找到了门头沟地理教研员李春旺老师，请他为这些教师组织一次门头沟区地质野外考察教学。李老师从大学地理系毕业后二十三年，一直坚持在自己的家乡门头沟区进行野外地质考察，没有人要求，没有人资助，全凭自己对地理的热爱、对家乡的热爱，他对门头沟的地质情况非常熟悉，并逐渐开辟了几条典型的地质教学考察路线，不仅可以接待和指导中学在职教师专业进修，也可以接待和指导大学师范生和教育硕士的模拟地理野外考察教学活动，自己也逐渐成长为门头沟地理教学野外考察方面的专家，这是实实在在的专家，而非一顶高帽。

《游乡村学地理》一书中收录的是北京远郊区县地理教研员撰写的地理野外考察的设计，同李老师一样，作者表现出他们在这个自己熟悉的地区和领域中具有的专业素养，在他们各自的“地盘”上，他们都是专家。“专家”并非别人赐给，在他们成为专家的过程中，他们也要学习，从实践中学习、互相学习、向大学专业教师学习，只要自己热爱，只要自己努力，只要主动去学，每位地理教师都会成为自己“地盘”上的专家。

林培英

2012年6月5日

前 言

自古以来，“天人合一”一直被认为是人类与自然环境相互依存的最高境界。“在自然中学习”、“向自然学习”以及“为了自然而学习”是地理学不断追求的内容。在学校教育阶段，引导学生认识自然、关爱自然、保护自然也是学校教育的重要内容。然而现在的学校教育却把学生更多地集中在了人造环境之中，往往忽略野外自然环境对于学生学习的重要性，户外自然的学习体验活动在一些地方成了学校教育的“摆设”，甚至是消失。从终身教育的角度来看，野外考察活动对于学习者的可持续发展具有重要意义。通过野外地理实践活动，学习者不仅学到基本的地理知识和基本的地理技能，同时亲身感受和体会到源自自然的魅力，塑造了一些社会认同的情感、态度和价值观，特别是培养了社会公民所应具备的地理素养。

培养合格的未来公民是全世界各个国家教育的共同目标，具备基本的地理素养是公民教育的必备内容。在我国，《国家中长期教育改革和发展规划纲要(2010—2020年)》中对学生综合素养提出了明确的要求。在战略目标中具体提出：“坚持能力为重，优化知识结构，丰富社会实践，强化能力培养。着力提高学生的学习能力、实践能力、创新能力，教育学生学会知识技能，学会动手动脑，学会生存生活，学会做人做事，促进学生主动适应社会，开创美好未来。” 同时，在2011版的《全日制义务教育地理课程标准》中也明确地提出了“学习对生活有用的地理，学习对终身发展有用的地理”，对学习者地理素养的发展有着明确的标准和期望。

然而，在现实生活中，学生的地理学习并不尽如人意。很多学生在课堂上所学的地理知识、地理技能和价值观，往往并不能应用到现实生活当中；对生活中常见的地理现象熟视无睹，归根结底就是缺少一双“地理眼”。

自2006年到2011年，“北京最美乡村评选活动”共评选出获奖村53个，获得提名的村庄累计达到106个。本书中试图带着这样的“地理眼”，带领大家走入北京远郊的六个区县，发现身边的地理现象、探索身边的地理问题，希望能够通过地理野外实践活动来推动地理教育走向社会大课堂，为活动课程、校本课程、社团活动、研究性学习等提供有力的支持。

从编写内容和形式来看，本书具有非常显著的特色与优势：

第一，本书选择的地理考察路线都是依托已有的社会教育资源，特别是选取了历次“北京市最美乡村”的评选和推荐结果以及作为“北京市社会大课堂”教育基地的乡村名录，充分发挥成熟社会资源的教育价值。

第二，本书的主要撰写者是来自北京六个郊区县的地理教研员和大学地理教育者，他们多年从事一线地理教师的指导和研究工作，积累了丰富的经验，这本书也是他们多年实践经验的结晶。

第三，2006年至今书中的大部分路线已经在首都师范大学组织的“远郊区县的初中新课程培训”、“北京市课改实验中参与式研修在农村中小学教师培训中的行动探索”和“课改实验中农村中小学教师参与式研修的行动研究与实施应用”等项目中得以实施并取得了很好的效果。因此线路设计的成熟度和稳定性，以及地理内容的选题都有一定的保证。

第四，本书按照“一日游”的线路设计利于开展活动。从学校组织管理的角度和京郊乡村的交通便捷情况来看，这样的时间容量可以被大多数学校和家庭在组织社会实践活动、春秋游、社团活动、校本课程、父母带孩子旅游等情况下所采纳，因此也具有很好的适切性和目的性。

这本书不同于一般的旅游指南，而是尝试为学生和成人在京郊出游提供经过筛选的地理线路，通过精心的编排，期望能够给出行者提供一个地理学习的向导，帮助大家带着“地理眼”来走进“北京最美的乡村”，感受地理带给生活的美好。

王海燕

2012年5月7日

目　录

准备篇 / 1

门头沟篇 / 7

线路1：古驿道上“举人村”——灵水村地质与民俗考察 / 8

线路2：绿水长流的秀美山村——岭角村地质地貌考察 / 17

线路3：砺山带河“琉璃之乡”——琉璃渠村地方文化考察 / 25

线路4：与“门头沟”区名有关的村庄——门头口村地方文化考察 / 30

延庆篇 / 35

线路5：小山村里大农业——小浮坨村农业发展现状考察 / 36

线路6：一锅豆腐百里香——柳沟村的位置、民俗与水利设施考察 / 42

线路7：聚势龙跃话今昔——龙聚山庄聚落与环境考察 / 47

线路8：深山的静谧小村——香屯村植物及地貌考察 / 52

顺义篇 / 57

线路9：鲜花盛开的村庄——北郎中村现代农业考察 / 58

线路10：御杏园里寻“杏”运——西赵各庄村特色农业与民俗考察 / 65

线路11：京东滑雪圣地莲花山——良山村新农村特色产业考察 / 72

线路12：龙狮舞动中国风——于地村民俗与观光农业考察 / 78

怀柔篇 / 85

线路13：“龙”“凤”脚下的红色基地——庙上村水文、地质与地貌考察 / 86
线路14：京郊板栗第一村——六渡河村农业、旅游考察 / 93
线路15：潜龙在渊之戏水长城——西水峪村水利设施及旅游资源考察 / 99
线路16：京北雨极的涅槃——椴树岭村气候、地质灾害与聚落考察 / 105

密云篇 / 111

线路17：边塞风情的生态旅游村——番字牌村石刻与生态考察 / 112
线路18：因地制宜建设“新农村”——蔡家洼村三产联动发展模式 / 118
线路19：走进京东第一村——曹家路村聚落发展与民俗旅游考察 / 125
线路20：云蒙山下的禅味小村——黑山寺村宗教文化与民俗考察 / 131

平谷篇 / 139

线路21：中国红杏第一村——北寨村红杏种植条件和地质考察 / 140
线路22：新愚公移山建村记——挂甲峪村聚落与旅游考察 / 145
线路23：长城脚下的古关新貌——将军关村长城和旅游业考察 / 152
线路24：打不垮的鱼子山——鱼子山村抗日遗址和农业考察 / 158

后记 / 164

准备篇

今天的地理教育能否走到野外？

当今全球化和多元化的趋势下，越来越多的国家和地区认同地理学科在学校教育中的重要意义，以及地理对我们每个人生活的重要性。这一点在《国际地理教育宪章》中有明确的表述，“地理教育为今日和未来世界培养活跃而又负责任的公民所必需”。①

然而，从地理教育的实施来看，我们仍旧停留在课堂教学为主的情景下。让学生走出课堂，走进大自然在理想上是那么的美好，可是在现实中却是那么的难上加难。“地理没有野外考察，就像科学没有实验研究。”② 今天我们的地理课堂更多的是留在教室，看看模型和挂图，尽管可以体会一下电脑模拟的动画，却缺少了走到课堂外，实际量量山有多高、水有多深的机会。

在生活中，孩子学习地理也不是容易的事情。家长经常会带孩子到野外游玩，欣赏自然界的美丽与神奇，但孩子们的地理问题常常会把大人难倒，还有更多的地理现象最后变成了用传说来解读，给地理学习造成了更大的障碍。

这本书就像一位向导伴你去“北京最美的乡村”旅游，通过本书你可以学到地质学、地貌学、水文学、植物学、生态学、环境学、旅游学等学科知识；还能掌握沟通合作的能力、数据搜集和分析的能力、探究和解决问题的能力、运用和分析的能力、自我管理和学习的能力和批判性思考的能力等多方面的技能；培养关注人与自然、环境和社会和谐共处的可持续发展的价值观。

到野外开展地理考察，你要准备好一双“地理眼”。

作为地理老师，我们经常为学生提出的稀奇古怪的问题感到困惑：学生在景点看到各种各样的岩石，只是知道它们是石头，知道有个好听的“名字”，而不知道是哪类岩石；知道要保护环境，却不知道预防性的策略如何来做；知道在考试中熟练地写出冷锋过境的天气变化，却不知道身边刚刚有一次寒流经过；知道这个地方的层层叠叠的岩层很好看，却不知道在地理上，这叫做“褶皱”……这些问题不是在课堂上没有讲过，而是到了现实中，很难把书上精美的图画和现实中的事物联系起来。

不仅仅是学生、孩子，我们的教师、家长如今又有多少人没有用过罗盘和地质锤的，有多少人不知道身边的岩石叫做什么名字，有多少人从未真正参加过野外考察；有多少人从未做过地理实验……

很多的地理现象我们视而不见，不是我们不想，而是我们缺少一双发现的眼睛。今天，我们尝试在这本书里帮你找回失去的美丽与热情，带着“地理眼”、“地理手”和“地理心”走到“北京最美的乡村”，真正去发现和学习身边的地理。

---

① 国际地理联合会地理教育委员会 著，冯以宏 译. 国际地理教育宪章[J]. 地理学报，1993（4）.

② Bland, K., Chamers, B., Donert, K., & Thomas, T. (1997). Chapter14 Fieldwork. In P. Bailey, & P. Fox, Geography teachers' handbook (pp. 165-175). Sheffield, UK: The Geographical Association.

我们是怎样构想这本书的?

从本书的目的来看，希望学生通过游赏美丽的村庄及其周边景区学习地理知识。因此，首先突出了游赏性，这种游赏性既包括学生观察到的、提示学生观察到的，也包括通过走访、参与等实际体验到的。其次，突出了乡村及其周边的地理内容，从地理的视角阐释、欣赏乡村自然、人文的美丽，自然与村落经济的和谐发展。第三，突出乡村的特点（很多乡村在生产、生活等方面具有浓郁的乡土气息），特别是突出首都乡村的特点（例如一些新农村示范村所进行的农业生产现代化或特色农业产品，或具有北京地域文化特征的乡村文化建设），深入挖掘乡村在经济和社会文化等方面的亮点。

书稿的撰写过程是一个经历了亲身实践、活动尝试、集思广益和取长补短的学习过程。这本书基于以下的理念:

◎ 立足本区县的特色乡村，挖掘村落的地理学习资源，体现“游中学”的理念。

◎ 架构简单清晰、地理特色浓厚、内容难度兼顾多元个体的经验差异与兴趣爱好，帮助读者拓展视野，在实际感受中理解地理现象和相关知识与能力，学习提高生活品味的地理。

◎ 提供相关地点的地理资料供读者参考，培养读者的“地理眼”、“地理手”、“地理心”。

我们是怎样选择具有地理味道“北京最美的乡村”的?

在本书线路的海选过程中，我们主要考虑从北京农工委主办的“北京最美的乡村”获奖村（或候选村）、北京乡村旅游网站的“民俗村”、“北京农家院网”所推荐的农家乐、北京市农工委和环保局所评选生态村等村落中选取，在选择时不局限于上述村落，但一定要考虑有突出的地理特色，最终确定了每个区县最具地理特色的四个村落，共计24个村落。

基于上述认识，本书所选取村落具备或部分具备以下特征:

◎ 村落的选择具有很强的“地理味儿”，能够发掘出具有本地特色的、有地理价值的考察点。

◎ 村落所在地及其周边地区自然环境优美；村落格局、民居具有一定特色；保持了一些传统文化和习俗；农业生产具有较突出的特征。

经过编写者群体的多次讨论，本书在内容选择上主要从自然、生态、经济、社会文化等角度，列出以下的地理考察的内容范围，并作为“主要地理活动”一项中的“内容编号”列入其中，便于读者查阅:

1. 地理位置

1.1 位置的特点
1.2 村落的发展历史
1.3 村名的来源
1.4 聚落的影响因素
1.5 村落规划

2. 自然与环境

2.1 地质、地貌
2.2 植被、土壤
2.3 气候、水文
2.4 小流域治理
2.5 水利设施
2.6 土地利用
2.7 防灾减灾
2.8 环境保护与村落发展
2.9 资源的开发利用
2.10 清洁能源

3. 农业

3.1 农业生产
3.2 观光农业
3.3 农业生产方式的转变
3.4 现代农业
3.5 名特优土特产

4. 民俗与文化

4.1 民俗、民宅、民风
4.2 地方文化特色（大鼓、庙会等）
4.3 非物质文化遗产
4.4 宗教
4.5 移民等对乡村聚落的影响
4.6 名人轶事
4.7 村中的主要姓氏及其来源
4.8 特色美食

4.9　革命史（如第一个党支部、抗日烈士纪念碑等）

4.10　遗址、遗迹

5. 其他

5.1　古树名木

5.2　因地制宜发展经济

我们是怎样设计这本书的?

本书选择能以议题（选择能激发读者兴趣和好奇心，并具有辩论性、综合性的主题）为主标题，以考察的主要地理要素为副标题的形式，通过回答6个“W”的形式，组织各个考察路线的具体内容。

首先是“在哪里”（Where），提供一幅考察路线的示意图，标注考察点，并通过路线简介的形式，让读者初步了解这条路线要看什么；第二是“是什么”（What），提供主要考察点、内容编号和考察内容，便于读者明确具体的考察内容，以及对应的地理领域；第三是“如何做”（How），提供具体的考察点活动设计；第四是“为什么”（Why），给出每个考察点活动的问题解析，帮助读者深度理解该考察点的地理意义；第五是“那又怎么样”（So What），附上村落周边推荐景点，便于读者延伸旅游空间；最后是“When”，附以最新参考信息，给读者提供便捷的交通、游览信息。

每条路线的设计都是一天的考察活动，通常是不包括考察地交通在内3小时左右的活动路线。每条路线选择6个以内的考察点，每点都围绕一个地理主题和几个问题来展开，让读者边走、边看、边欣赏；边想、边答、边学习。每条路线包括：示意图、村落简介、主要地理活动内容、考察步骤（含4~6个考察点）、问题解析、村落周边推荐景点和参考信息。

哪些人需要用这本书?

这本书的撰写团队主要是大学的地理教育研究者和北京部分远郊区县的地理教研员及一线教师，可能有以下人群会关注这本书：

◎ 初、高中一线地理教师和学生。

◎ 有兴趣到旅游点学习地理知识的读者。

◎ 旅游时关注地理素养提高的家长。

◎ 组织学生兴趣小组活动或者指导学生开展研究性学习的老师。

◎ 组织春游、秋游等大型活动或者组织综合实践活动的学校。

◎ 其他关注京郊及乡村旅游与发展的社会人士。

开启京郊地理之旅，你准备好了吗？

在开始某个村庄的考察之前，你需要做好一些准备工作：

◎ 必要的知识储备还是需要的，你可以上网查阅“北京最美丽的乡村”网站（http://www.bjmlxc.cn），进一步了解情况。

◎ 熟悉到达村庄的路线和交通情况，携带有效证件。在出游时，尽量选择公共交通工具，一些景区对学生提供优惠，记得带上学生证。一些景区，例如西水峪长城等著名旅游景点，游人特别多，最好避开节假日。

◎ 掌握基本的地理野外考察常识，比如选择适合自己的户外服装及防雨防晒防蚊虫用品，注意遮盖裸露皮肤；景区要特别注意防火。部分进村的路线较为陡峻，要穿平底防滑鞋。部分乡村因在山区，往往昼夜温差大，带足必备衣物。

◎ 携带基本的地理野外考察工具，比如准备望远镜、照相机（摄像机）等观察记录设备。有条件的可准备全球定位系统（GPS）或罗盘等测量设备。照相机、摄像机等设备是很好的学习工具，但要注意不要随意在未经允许的人家拍照或者录像，请遵守村子的相关规定。

◎ 本书推荐的大多数线路都是在村庄内考察，因此在安全方面有一定的保证。但要特别注意保护村内环境，不能私自到村民家里打扰，得到允许后方可进入，在村内不随意折枝，对动物不乱投放食物。

◎ 选择合适的季节前去游览，大部分考察路线适合春夏秋三季，一些村庄在特定的日期有特色美食和民俗活动，可以选择合适的时间前往。

门头沟篇

线路1：古驿道上“举人村”

—灵水村地质与民俗考察

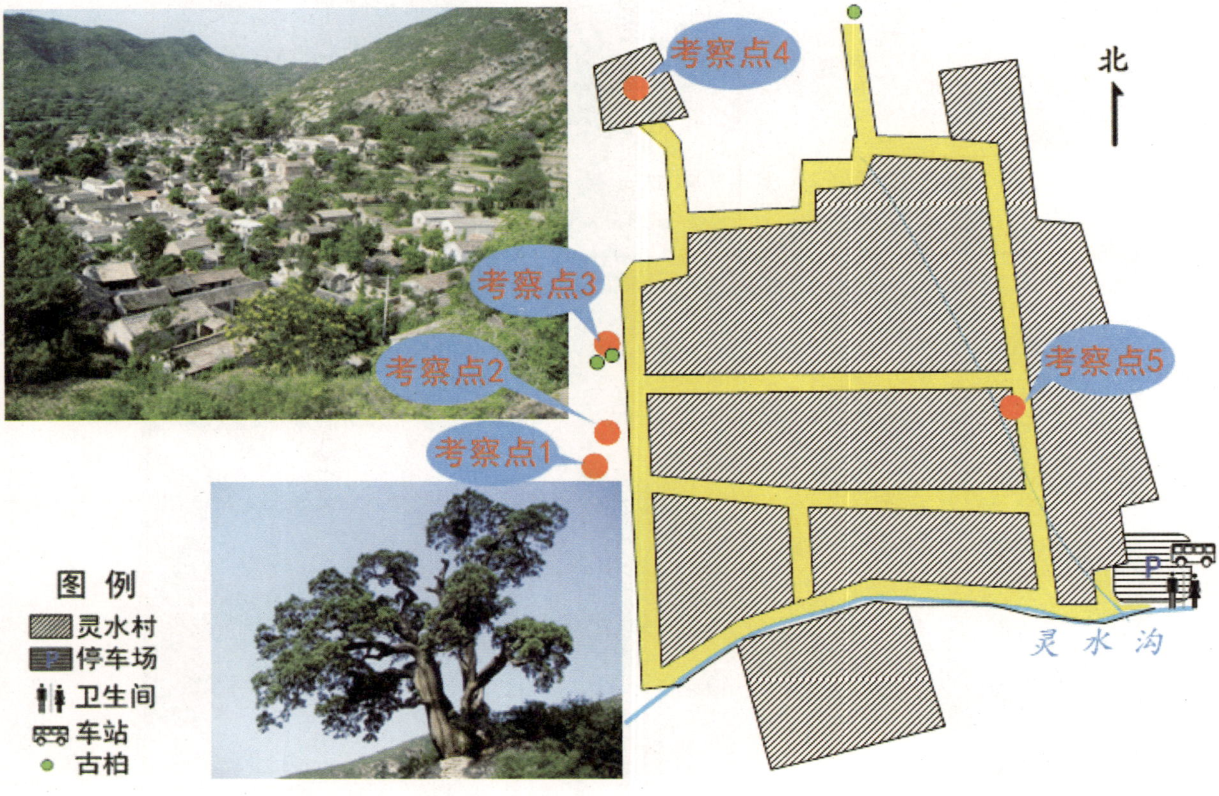

灵水村考察示意图

◎ 村落简介

灵水村位于北京市门头沟区斋堂镇，距北京城区约75千米，村域面积6.4平方千米，全村共有230户，700余人。

灵水村是一座千年古村，在辽代就已成相当规模，最兴旺时在清末民初。古时的灵水村是商道必经之处，经济繁荣，买卖商号有十几家。居民以刘、谭两大姓为主。灵水村崇尚文化，历史上曾出过22名举人，2名进士和10余名国子监的监生，享有“举人村”的美誉。灵水村现有多处举人故居宅院遗址，如刘懋衡、刘增广等故居。此外，灵水村过去还曾有庙宇19座。其中，灵泉禅寺始建于汉代，是北京最古老的寺庙之一，目前仍存有明代弘治年间重修的门楼等。

灵水村旅游资源丰富，“东岭石人”、“西山耸翠”、“南庵远眺”、“北塔凌云”、“龙泉涌水”、“古柏参天”、“文星高照”、“柏抱桑榆”被誉为“灵水八景”。2005年11月，灵水村被评为中国历史文化名村。2007年获“北京最美的乡村”提名。

◎ 主要地理活动内容

乡村名称	考察点	内容编号	地理内容
门头沟区灵水村	1. 村西莲花山旁	2.1 地质、地貌	火成岩；火成岩与沉积岩差异风化
	2. 村西八角龙池旁（三禁碑）	2.8 环境保护与村落发展	生态保护、可持续发展
	3. 村西（偏北）龙王庙内	2.8 环境保护与村落发展 5.1 古树名木	生态保护、古树
	4. 村西北灵泉禅寺内	2.2 植被、土壤 5.1 古树名木 2.1 地质、地貌	落叶阔叶林、古树；内、外力作用
	5. 灵水村内	3.5 名特优土特产 4.3 非物质文化遗产	农业物产；地方文化

◎ 考察步骤

考察点1：村西莲花山旁

从停车场沿村边西行、北行，至莲花山旁（岩石出露处）。构成莲花山的岩石为火成岩。

（1）观察莲花山岩石，完成表格1-1。

表1-1 莲花山的岩性特征

颜色	是否含有斑晶	是否具有层状构造	与周边沉积岩的主要区别

图1-1　莲花山火成岩

图1-2　周边沉积岩

（2）推测莲花山的岩石中能否发现化石?

（3）思考莲花山比周边地区凸显高耸的原因。

考察点2：村西八角龙池旁（三禁碑）

临近考察点1，东北行约8米处，可见一内径约5米呈八角形的水池，这就是被誉为灵水八景之一的“龙泉涌水”。当初这里清水盈池、泉出其底。其旁边即为“三禁碑”。

图1-3　三禁碑

重修石记

大清康熙，岁次辛未，仲夏初旬，合村聚会。稽古龙池，灵水祥瑞。世久年深，砖损石坠。公议重修，捐工如队；石土灰泥，即时全备；仅月成功，皆欲书勒。庙前池边，禁止污秽。堆粪洗衣，鸣钟议罪，罚供祭神，使知警畏。凡我村民，均相劝诲，刻铭於石，流传后辈。池内三禁：凶泼投跳、愚顽搅混、儿童汙溺；池台三禁：宰杀腥膻、饮畜作践、浆衣洗菜。

（4）“三禁碑”主要说的是什么事情?

（5）“三禁”主要是哪三禁?

（6）这通300多年前的石碑所记载的内容，蕴含怎样的地理学思想?

考察点3：村西偏北龙王庙内

由考察点2北行约20米，到龙王庙内，可见两棵古柏。仔细观察可以发现，两棵柏树上部的枝杈之间各长有一株落叶乔木，靠南侧的一株为榆树，靠北侧的一株为桑树，村民将此景观分别称为“柏抱榆”和“柏抱桑”。

图1-4　2011年拍摄“柏抱桑”

图1-5　2011年拍摄“柏抱榆”

图1-6　2002年拍摄“柏抱桑”

图1-7　2002年拍摄“柏抱榆”

（7）观察“柏抱桑”和“柏抱榆”的生长状况，与2002年时该树木的生长状况相比较，完成表1-2。

表1-2 “柏抱桑”、“柏抱榆”古树的生长状况

	柏抱桑		柏抱榆	
	柏树	桑树	柏树	榆树
与2002年比生长状况				
古树级别与编号		——		——

（8）思考：应采取哪些措施对现有“柏抱榆”和“柏抱桑”景观进行保护。

考察点4：村西北灵泉禅寺内

银杏为落叶大乔木，属裸子植物，雌雄异株。在北京平原地区于4月中旬前后开花，球花单生于短枝的叶腋。雄球花成葇荑花序状，雌球花有长梗，种子核果状，秋季成熟。

图1-8 银杏雄株

图1-9 银杏雌株

从龙王庙沿村边小路北行约350米，即到灵泉禅寺。灵泉禅寺内有两株银杏树，其中靠西侧那株银杏树具有“雌雄同株”现象，可称为“天下一绝”。

图1-10 “雌雄同株”银杏树

图1-11 “东岭石人”

（9）仔细观察这株“雌雄同株”的银杏树，你能说出其“雌雄同株”的原因吗？

从灵泉禅寺院内往东看，可见对面山坡（髽鬏山）上有一小山峰，酷似一站立石人，即灵水八景之一的“东岭石人”景观。

（10）通过观察“石人”所处的地貌部位，思考“东岭石人”形成的地理原因。

考察点5：灵水村内

从灵泉禅寺沿进村小路返回村中。

图1-12 灵水村口

图1-13 村内建筑

（11）走访村民，了解本村重要的民间习俗“秋粥节”。思考，灵水“秋粥节”对本村发展产生了哪些影响？

◎ 问题解析

（1）观察莲花山岩石，可获得如下结果：

颜色	是否含有斑晶	是否具有层状构造	与周边沉积岩的主要区别
暗红色	有斑状晶体存在	无层状现象，见有节理发育（裂缝）	岩石偏红色，无层状构造（层理），硬度较大

（2）岩石主要分为三大类：沉积岩、火成岩和变质岩。沉积岩主要是先成岩石经过风化作用、外力的搬运作用，以及沉积作用和固结成岩作用形成的。在沉积岩形成过程中，生物遗体或遗迹会被沉积物覆盖保留在岩层中可形成化石。因而，沉积岩中一般含有化石，而其他各类岩石则没有上述现象，不含化石。由于构成莲花山的岩石为火成岩，因而不会有化石。

（3）构成莲花山的岩石为火成岩，其硬度大，抗风化能力较强，不容易受到侵蚀。与莲花山的火成岩相比，周围的沉积岩硬度小，抗风化能力较弱，容易受到侵蚀。正是这种差异风化现象，才使得莲花山比周边地区凸显高耸。

（4）通过文字记述可知，“三禁碑”主要说的是：在灵水村，古代遗留下来龙池，村民认为它是灵水村的一个祥瑞，因年久失修，村民公议，予以重修，并立下规约，保护这龙池风景。

（5）“三禁”主要是指：要做到池内三禁：一，禁止凶泼之人投池跳水；二，禁止弄混池水的愚痴顽劣行为；三，禁止孩童往池中便溺。池台三禁：一，禁止在池台上宰杀牲畜；二，禁止在此饮家畜，作践池台；三，禁止在台上浆衣洗菜。

（6）通过碑文可知，三百多年前在这个小山村里，村民们虽没有什么“保护环境”、“可持续发展”之类的口号，但却有一种似乎是与生俱来的天人和谐的理念，驱使他们做出正确的行动，令人景仰。其中不乏我们当今所倡导的因地制宜、人地协调与可持续发展的思想。

（7）表格略。

（8）通过观察可知，与2002年时相比，现在的“柏抱桑”、“柏抱榆”树木长势大不如前，特别是桑树与榆树，凋萎了许多。建议加强专人管理，定期喷药浇水，防止游人攀爬。

（9）银杏树雌雄异株，而灵泉禅寺内的银杏树为雌雄同株，植物专家认为：挂果的雌枝是先人嫁接而成的。

（10）从灵泉禅寺院内往东望，对面山坡（髽鬏山）上有一酷似站立石人的小山峰。从成因上看，该景观为内外力共同作用的结果。内力作用使地表隆起形成山地，外力作用在内力作用的基础上不断通过风化、剥蚀、搬运等对山地进行塑造，久而久之，形成奇形各异的地表形态。

（11）通过走访可知，灵水村的“秋粥节”始于清代，延续至今，它是为纪念刘应全、刘懋恒父子清代赈灾而起。据记载，清代顺治初年、康熙七年和康熙二十一年，北方大灾（水、旱灾害），刘应全、刘懋恒父子自拿家资，出钱献粮，赈济灾民，救人甚众，并得到清政府表彰。为了不忘过去的灾难，教化村民共同减灾，本村甲午科举人刘增广提议全村在一起喝粥，以示纪念。村民们集资买锅，并把锅定为公产，立秋节时，共同集粮，在街上分片做粥，全村聚在一起过节。秋粥节时（立秋日），他们分食杂粮粥，互相谦让、问候，化解邻里隔阂，熙熙攘攘，十分融洽。这项意义深远的减灾活动一直延续至今，遂演化为灵水“秋粥节”。

“秋粥节”作为门头沟区非物质文化遗产，丰富了灵水村的旅游资源，扩大了灵水村的对外影响力，有力地促进了灵水村旅游业及相关产业的发展，对本村经济增长、构建和谐村风起到积极的推动作用。

◎ 村落周边推荐景点

爨柏景区

爨柏景区位于灵水村西约8千米处。从灵水村返回109国道后，在军响站换乘从苹果园至斋堂的892路公交车即可到达。

爨柏景区的爨底下村历史悠久，文化底蕴深厚，村落因在“爨头”下方得名。爨底下村的大部分建筑为清末及民国时期所建，依势而就，高低错落。村落被一条长200米，最高达20米的弧形大墙分为上下两部分，村前又被一条长170米的弓形墙围绕，使全村形不散而神更聚，三条通道贯穿上下，而更具防洪、防匪之功能。爨底下村为国家AAA级景区，是中国历史文化名村之一。

柏峪村位于爨底下村西北约4千米处，从爨底下村继续向北便可到达。柏峪村明代即已成村，当初因柏树、榆树繁茂得名，后谐音改称今名。柏峪不仅村落古朴典雅，文化底蕴也很深厚。“柏峪燕歌戏”据说有400多年历史，号称南北九腔十八调，是一种独特剧种。村边地区森林茂密、古迹众多，有黄草梁、京西古道、古道摩崖石刻、天津关遗址等众多旅游资源。

双龙峡景区

双龙峡景区位于灵水村西南约4千米处。目前从灵水村无直达的公交车，需乘出租车前往。

双龙峡景区是京西新开发的一个风景区，位于门头沟区斋堂镇火村南2.5千米的青山翠谷中。该景区以自然景观为主，峡谷全长约15千米。谷内峰峦叠翠，泉溪涌流，植被茂密。主要景点有“玉龙湖”、“三迭瀑”、“仙女湾”、“牛角湖”、“双龙戏龟”、“七音瀑”、“野生猕猴桃林”等，有“小九寨”之称。

灵岳寺

灵岳寺位于灵水村西面约5千米处。从灵水村返回109国道后，在军响站换乘892路公交车到达斋堂，后改乘出租车前往。

灵岳寺位于门头沟区斋堂镇北部5千米的白铁山（白贴山）上。该寺兴建于大唐贞观年间，辽代重修，称“白贴山院”，金后称“灵岳寺”。灵岳寺是北京市现存唯一一处格局完整的元代以前木结构古建筑。唐代建成后，其间经历辽代、元代、清代三次修缮，保存到今天的灵岳寺汇集有几个朝代不同建筑的特点。寺内存有至元三十年(1293)《重修灵岳寺记》碑及清康熙二十二年(1683)《重修灵岳禅林碑记》等碑刻。灵岳寺现为北京市市级文物保护单位。

◎ 参考信息

景区信息

自驾车：沿109国道西行，将近到达斋堂，见军响加油站旁指示牌，依牌所指右行直达。

公共交通：从苹果园地铁站乘 892路公交车至斋堂，再转乘去往灵水的892路公交车，灵水站下车即到。

联系电话：010-61817760/010-61817034。

旅行建议

一日游：方案一，上午双龙峡，下午灵水村—灵岳寺；方案二，上午双龙峡，下午爨底下；方案三，上午灵水村—灵岳寺，下午爨底下。

二日游：在一日游的基础上，住宿柏峪村。第二天，游黄草梁。

线路2：绿水长流的秀美山村
—岭角村地质地貌考察

岭角村考察示意图

◎ 村落简介

岭角村位于门头沟区妙峰山镇，距区政府约18千米，村域面积3.31平方千米，现有居民88户，人口197人。

岭角村东西两侧是低山，因两山相夹而得名，意为“山岭之角”，永定河的支流——苇甸沟穿越岭角村。由于苇甸沟的溪水发源于“金顶”妙峰山，沿途又汇集了众多泉水，至岭角村常年不竭，因此当地人又称此溪流为灵溪。这里的泉、谷、潭、石、溪与樱桃、红果、柿子等果木构成了一幅美丽的山村图画。2005年，岭角村被评为北京市市级乡村旅游专业村，2008、2010、2011三次获得“北京最美的乡村”提名。

◎ 主要地理活动内容

乡村名称	考察点	内容编号	地理内容
门头沟区 岭角村	1. 村东北灵溪河谷的木栈桥	2.1地质、地貌	火山碎屑岩、火成岩
	2. 村东北沟谷内的水车西侧、塘坝处	2.1地质、地貌	河流阶地、岩石特征
	3. 村西北灵溪沟谷龙潭	2.1地质、地貌	河谷地貌、溯源侵蚀、断层
	4. 岭角村中	2.8村落保护与村落发展	村落形成、发展与地理环境的关系

◎ 考察步骤

考察点1：村东北灵溪河谷的木栈桥

从停车场沿灵溪沟谷北行约150米，到达木栈桥。在考察点1可见河流西岸岩壁中穿插的岩体。

（1）走近岩壁，观察侵入岩体与围岩有何不同。

（2）判断侵入岩体与围岩在形成时间上的先后顺序，简要描述此现象的形成过程。

图2-1　河流西岸岩壁中穿插的岩体

考察点2：村东北沟谷内的水车西侧、塘坝处

从考察点1继续前行350米，可见沟谷旁边建有一水车，水车不远处为一塘坝，塘坝的西南侧即为考察点2。塘坝北侧，在距河床一定高度可见成层分布的较大砾石；在塘坝西北水池边缘裸露的岩壁上，可以观察到截面似圆形的岩块。

图2-2　塘坝北侧高台上的砾石

图2-3　裸露的岩壁及截面似圆形岩块

（3）观察塘坝北侧距河床一定高度的砾石层，思考下列问题：

①目测该砾石层距离河床的大致高度，并观察砾石的磨圆度，如棱角状、次圆状还是圆状。想一想砾石的磨圆度说明了什么？

②为什么砾石层会与现在河床有一定高差？

（4）观察池塘西北侧裸露的岩壁。此处岩石与沿路观察到的岩石结构有何不同，说说你的发现。

图2-4　灵溪河谷地貌

图2-5　灵溪河谷东侧地质构造

考察点3：村西北灵溪沟谷龙潭

沿主沟继续前行1.5千米，即可到达龙潭。

（5）观察龙潭处的河谷地貌，分析此处河流出现瀑布的原因。

（6）观察河谷东侧的地质构造现象，说出此地质构造的类型及判断依据。

（7）观察河谷西侧的地质构造，结合河谷东侧的地质现象，分析两处地质构造的关系，谈谈你的判断依据。

（8）综合分析并说出灵溪河谷地貌的发育与河谷西侧、东侧显示的地质构造的先后关系，说明理由。

图2-6　灵溪河谷西侧地质构造

考察点4：岭角村中

从龙潭原路返回，来到岭角村中。

图2-7　岭角村（a）

图2-8　岭角村（b）

（9）对村落进行考察，完成表2-1。

表2-1　岭角村村落基本情况

	村落的规模	位于河流的哪一岸	村落所处的地形部位	原有房屋屋顶的特点	房屋的主体朝向
描述现象					
分析原因					

（10）走访并观察该村原有房屋与新建房屋，完成表 2-2

图2-9　新建民居

图2-10　原有民居

表2-2　原有房屋与新建房屋的对比

	屋顶材料	墙体结构	门窗材料	后窗或侧窗大小
原有房屋				
新建房屋				
简述变化原因				

◎ 问题解析

（1）通过观察可知，河流西岸岩壁中穿插的侵入岩体为火成岩，表现为其内部具有较细的结晶颗粒并呈大小不均的斑状结构。侵入体周边的岩体称之为围岩，由砂砾组成，具层理结构，为沉积岩。

火成岩分为侵入岩和喷出岩。对于喷出岩来说，如果喷出岩夹于两个沉积岩之间，则喷出岩的形成时间一定晚于下层沉积岩而早于上层沉积岩；对于侵入岩来说，被侵入的岩体一定早于侵入的岩体。从此处的现象来看，穿插的岩体为火成岩，没有喷出地表，为典型的侵入岩，它与围岩（沉积岩）是穿插与被穿插的关系，因而岩壁围岩的形成时间要早于穿插的侵入岩体。

（2）岩浆因具极高的温度和很大的内部压力，往往向地壳薄弱或构造活动地带上升，并在沿途不断熔化围岩或俘获周围的岩块，从而不断扩大其侵占的空间，冷凝后形成各种侵入岩体。我们把地下岩浆上升侵入并占据一定空间的作用，叫侵入作用。根据岩浆侵入的环境和侵入作用方式，可以分为深成侵入作用和浅成侵入作用。在地下相当深处的岩浆侵入活动，称深成侵入作用；在地壳浅处的岩浆侵入活动称浅成侵入作用。各种侵入作用所形成的岩体都具有一定的产状。所谓产状是指岩体的形状、大小、与围岩的接触关系，以及形成时期所处的地质构造环境。浅成侵入是岩浆在压力作用下沿着断层、裂隙或层理贯入的方式进行的，其结果形成浅成岩体。浅成岩的规模较小，冷却较快，形成结晶颗粒较细。从本处火成岩的侵入特征来看，应为浅成侵入岩。

其形成过程大体为：地球内部的岩浆，在高温、高压下沿着本处围岩的裂隙向地球表层不断侵入，当侵入到本地方时，受围岩压力增大与岩浆温度降低的影响，侵入岩浆在此处停滞下来，并逐渐冷凝形成侵入岩体。

（3）要了解河床北侧砾石层的基本特征，就要到河床北侧地形高台上作细致观察。通过观察可以发现，砾石的磨圆度为次圆状，说明砾石具有较长距离的水流冲移。推测分析这些砾石并非本地山上岩体坠落所致，而是来源于河流上游地区。砾石层为什么会与现在河床有一定高差呢？原来砾石层所居位置为古河床之所，后由于地壳抬升，造成河流下切，河床大幅度地降低，致使原先的河床高于现代河床，并使其高于一般洪水期水面以上，从而形成了河流阶地。所谓河流阶地，是指由于地壳上升，河流下切形成的阶梯状地貌。表现为河流下切，原先宽广的谷底突出在新河床上，形成的阶梯状地形。

（4）通过观察你会发现，岩壁的岩石结构与河床上游、下游岩壁的岩石结构有很大不同，河床上游、下游岩壁的岩石基本上以砂岩、含砾砂岩为主，而此处岩壁岩石为含砾砂岩中包裹大的砾石块体，并且大的砾石块体呈浑圆形。

此处岩壁内的砾状岩石块体的形成为火山活动时，火山气体在向上喷发过程中，将大量围岩中的岩石碎块带出，其岩体较大的部分很难一次喷出地表，而是在火山口附近作上下运动，气压大时向上运动，气压小时向下运动，经过多次往返，岩体被磨呈浑圆状，最后在一次大的气流压力下，终于喷出地表，后又被喷出的其他碎屑物覆盖而形成的。

（5）沟谷的形成是流水对地表侵蚀作用的结果，侵蚀作用主要表现为侧向侵蚀与下切侵蚀两个方面。当地壳处于相对稳定时期时，河流以侧向侵蚀为主，河床会变得相对宽阔且平缓；当地壳抬升时，河流以下切侵蚀为主。河流在下切侵蚀过程中，因水流冲刷作用加剧，下切侵蚀不仅加深河床或沟床，受冲刷的部位也会随着物质的蚀离，有使其向上游源头侵蚀后退的现象，一般称为溯源侵蚀。河流在溯源侵蚀过程中，在河谷纵剖面上，就会出现某处河床坡降突然增大的地点，称为裂点。裂点以上，河流将以下切侵蚀为主；裂点以下，河流以侧向侵蚀为主。在灵溪沟谷地貌处看到的河床陡坎，就是河谷的裂点所在，它是河流溯源侵蚀的结果。

（6）从河谷东侧显示的地质构造看，裂缝两侧的岩层明显不齐，南侧的岩层凹进，北侧的岩层凸出，出现了岩层的错动，为断裂构造（断层）。造成这一现象的原因为内力作用。

（7）从河谷西侧显示的地质构造看，裂缝两侧的岩层同样出现参差不齐现象，但与河谷东侧的表现正好相反，为北侧的岩层凹进，南侧的岩层凸出，对比沟谷东侧的地质现象，两处的地质构造应为同一个断层。这一点可通过测量两处的断层走向，断层两侧的岩层进出方向和岩层的错动距离等加以验证。

（8）通过观察此处河谷地貌的发育状况，以及对此处断层现象的结果看，河流的发育在先，断层出现在后。原因是：①沟谷的发育，若无外部因素的干扰，沟谷两侧的岩层应相对齐整、平滑地向下游延伸。只有在河流发育之后，后期受外部因素的影响，才会出现参差不齐现象。而此处河流两侧，明显出现河岸参差不齐、岩层发生错动现象。②若断层在沟谷发育之前产生，从断层的走向看，河流会横穿断层而自然发育，河谷两岸仍会表现出相对齐整、平滑地向下游延伸。

（9）岭角村坐落的地形部位为山区河谷的一、二级阶梯上，且基本在河流的凸岸，主要是取水方便和免受洪水威胁；村落坐落在河流凸（东北）岸，一是凸（东北）岸地形相对平缓，二是凸（东北）岸向阳，采光较好；从总体看，岭角村的主体房屋大都朝南，也主要是便于采光；除新建房屋外，原有房屋的屋顶具有较大的坡度，这主要是因为本地属季风气候区，降水量较大，屋顶具有较大坡度，便于排水；从调查、走访可知，岭角村的规模不是很大，主要是因岭角村地处山区，发展的空间较小，加之耕地主要集中在沟谷区域，面积较小，制约了村落进一步的发展。

（10）原有房屋与新建房屋相比，房顶一般为板岩材料铺设，墙体为石土结构，门窗多为木料加工，后窗或侧窗较小。主要原因是：受当时条件所限，经济很不发达，村民建房大都就地取材，相对比较简陋。新建房屋多使用各种板材、砖瓦以及塑钢材料，房屋保暖性好，且宽敞明亮。主要是由于生产力的发展、社会的繁荣以及村民经济水平的提高和国家政策的支持。

◎ 村落周边推荐景点

妙峰山景区

妙峰山景区位于岭角村东北约7.2千米处。从岭角村返回，在下苇甸换乘892路公交车至丁家滩，再转乘前往妙峰山景区的892路公交车。

妙峰山是京郊一处集宗教朝圣、民俗采风、亲近自然、康体休闲、花果观光、山地度假、消夏避暑为一体的旅游胜地。重要的景点为主峰下的惠济祠等3座庙宇（惠济祠、回香阁、玉皇庙）。庙宇群依山取势，参差错落，高低有致，14座殿宇分别供奉着释、道、儒、民间等各路神灵，是明清时期北方民众的信仰中心。

神泉峡景区

位于岭角村西北约4千米处。从岭角村沿灵溪沟步行可直接到达。考虑到体力原因，最好乘车经下苇甸、上苇甸前往。目前该景区暂不通公交车。

神泉峡风景区位于门头沟区妙峰山镇炭厂村西1千米处，面积约15平方千米。该景区以山水田园风光为主题，集游峡、赏泉、登山、采摘、休闲于一体，并与著名的妙峰山景区遥相呼应。典型的景观有：将军石、红石谷、熔岩台、骆驼崖、仙人崖、仙潭、北大湖、石门、红石泉、红石墙、石胡洞、古栈道、一线天、神女峰、神泉等。目前，神泉峡景区已成为京郊不可多得的游览胜地。

◎ 参考信息

景区信息

自驾车：沿109国道至42.5千米处(有指示牌)，直行（沿黄岭路前行）即可到达。

公共交通：从苹果园地铁站乘892路公交车至下苇甸站下车，再转乘前往岭角村的892路公交车。

景区门票20元。

最佳游览时间：春、夏、秋季；联系电话：010-61884642。

旅行建议

一日游：上午岭角村及灵溪沟谷，下午神泉峡景区；或上午岭角村及灵溪沟谷，下午妙峰山景区。

二日游：第一天上午妙峰山景区，下午岭角村及灵溪沟谷，宿岭角村。第二天，游神泉峡。

线路3：砺山带河“琉璃之乡”

——琉璃渠村地方文化考察

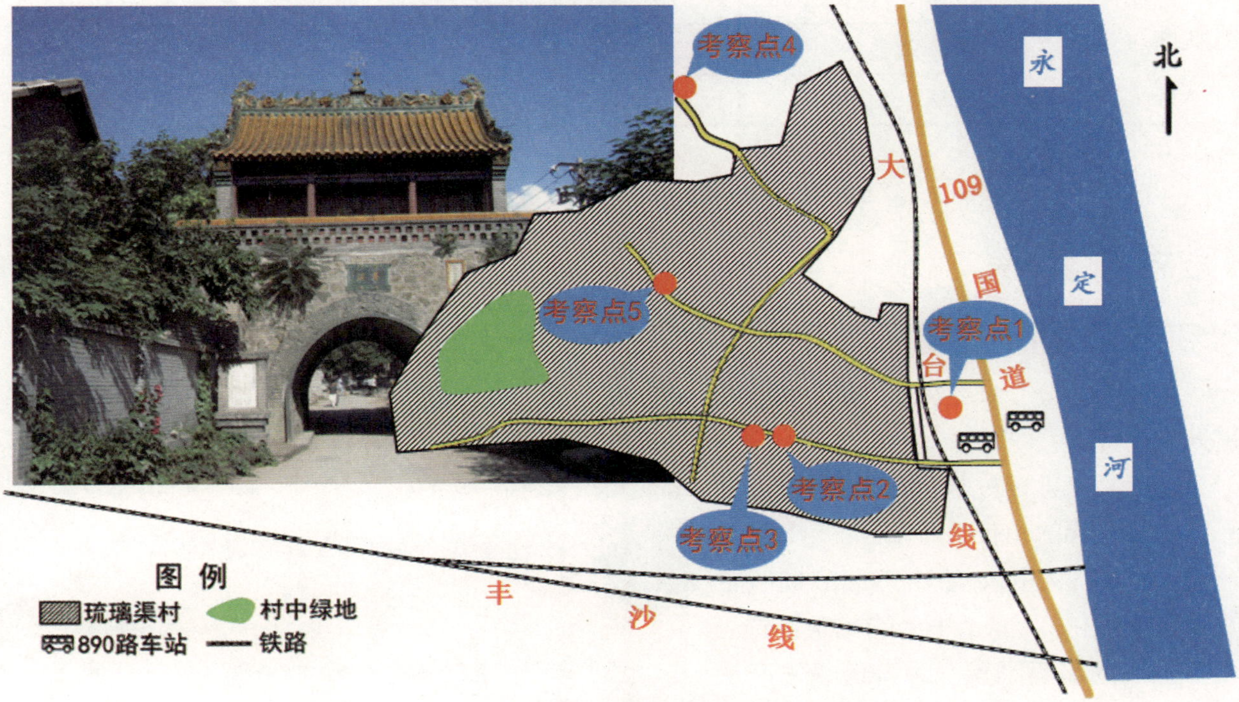

琉璃渠村考察示意图

◎ 村落简介

琉璃渠村位于门头沟区龙泉镇，距区政府约4千米，村域面积3.5平方千米，现有居民838户，人口1941人。

历经辽、金、元、明、清五朝的琉璃渠村，是皇家建筑材料琉璃的重要生产地，明清时期被称作 “琉璃厂” 。琉璃渠村的琉璃烧造工艺是该村传承千年的技艺，出产的琉璃制品为明、清皇宫的专用制品。解放后，这个村的琉璃制品还曾被用于人民大会堂、毛主席纪念堂、历史博物馆、钓鱼台国宾馆及北京西站等建筑，琉璃渠村也因此获得“琉璃之乡”的美誉。目前，该村仍然有保存完整的琉璃厂商宅院、过街楼、万缘同善茶棚、关帝庙等古建筑。特别是过街楼，为门头沟区众多过街楼中建筑最精良、最讲究的过街楼，虽历经250余年的风雨，古韵犹存。2007年6月，琉璃渠村被评为“中国历史文化名村” 。2009年获“北京最美的乡村”提名。

◎ 主要地理活动内容

乡村名称	考察点	内容编号	地理内容
门头沟区琉璃渠村	1. 村前健身场	5. 2因地制宜发展经济	资源、河流、交通因素对经济的影响
	2. 过街楼	4. 2地方文化特色	经济因素对地方文化的影响
	3. 厂商宅院	2. 8环境保护与村落发展	环境因素对经济的影响
	4. 万缘同善茶棚	4. 2地方文化特色	经济因素对地方文化的影响
	5. 琉璃渠村中	1. 3 村名的来源	经济因素对聚落的影响

◎ 考察步骤

考察点1：村前健身场

从890路公交车站向西南行约30米，进入健身场。

（1）健身场处展示了哪些琉璃制品？你最熟悉的是什么？

（2）很久以前,生产琉璃的场所主要在琉璃渠村北约1.5千米的龙泉务村。从资源、河流等因素，思考琉璃生产从龙泉务村迁往琉璃渠村的原因。

图3-1　健身场及琉璃制品

图3-2　过街楼

考察点2：过街楼

从890路公交车站沿南侧进村街道向西行约240米，到达过街楼。

（3）观察过街楼的朝向、建筑结构以及使用的琉璃制品，思考建设这座过街楼的目的是什么。

（4）观察过街楼城台东侧与西侧琉璃额内分别镶嵌的文字，你能说出这几个字的含义吗？

（5）观察过街楼的券洞上方是否有刻字？如果有，刻在什么地方？内容是什么？

考察点3：厂商宅院

从过街楼继续西行约70米，路南即为厂商宅院。

明代时期，北京烧制琉璃砖瓦构件的窑厂有两处，一处是北京的琉璃厂的主厂，另一处就是琉璃渠村的分厂。到了清乾隆年间，城里的窑厂迁出并与琉璃渠村分厂合并。厂商宅院曾是清工部琉璃窑场的办公处所。

图3-3　厂商宅院（a）

图3-4　厂商宅院（b）

（6）思考清朝时期琉璃窑厂迁出北京，与琉璃渠分厂合并的原因。

考察点4：万缘同善茶棚

沿琉璃渠村中主道北行约750米，到达万缘同善茶棚。

茶棚是供香客进香或庙会歇脚之处。

（7）走访了解：①万缘同善茶棚建在哪条进香的香道之上？②以前的进香香道是否通过这里？③本香道及茶棚的建设背景。

图3-5　万缘同善茶棚

图3-6　琉璃渠村

考察点5：琉璃渠村中

从万缘同善茶棚返回村中。

（8）走访了解琉璃渠村村名的由来。

◎ 问题解析

（1）通过观察可知，琉璃渠村健身场处制作的琉璃制品主要有九龙壁、鸱吻、脊兽及各式坐墩。其中，鸱吻、脊兽常应用于我国古代建筑中，有以兽镇脊，避火消灾之意。

（2）从地理位置上看，龙泉务村与琉璃渠村相距不远，二村都接近永定河，水源充足。但就烧制琉璃所需的煤炭及坩子土等原料看，琉璃渠村较龙泉务村更接进原料地，特别是琉璃渠村位于龙泉务村的西南，地势相对较高，不易受到永定河洪水的威胁。

（3）琉璃渠村的过街楼坐西朝东，为砖混结构，使用了大量绿色、黄色等琉璃制品。过街楼修建时，琉璃渠村已经逐渐成为北方烧造琉璃的中心，因为烧制琉璃的窑主和商人为山西人，建一座既实用又美观的建筑，不仅可以起到广告宣传的作用，还拉近了与当地人的距离，融洽了与当地人的关系。

（4）通过观察，不难发现过街楼城台西侧的琉璃额内写的是“砺山”，东侧的琉璃额内写的是“带河”。其含义是：“砺：磨刀石。山：泰山。带：衣带。河：黄河。直到泰山变得如磨刀石那么小，黄河变成衣带那么细窄”，为“千秋万代永受皇恩之意”。因为琉璃渠村自古以来以烧制象征皇权的官式琉璃制品而闻名。官式琉璃不是一般的商品，而是钦工所用，所以村内琉璃官窑厂几百年来备受皇恩，世代相传。

（5）观察还可发现，在券洞上方西侧的青石上还镌刻有“众善奉行”、“诸恶莫作”字样，劝导人们一辈子做好事，不做坏事。

（6）北京琉璃厂烧制琉璃已经多年，到了清代乾隆年间，由于城市的发展，琉璃厂已成为繁华的市区，琉璃烧制严重污染周边环境。为此，乾隆皇帝命令迁出，并与琉璃渠村分厂合并。

（7）通过走访，可了解到万缘同善茶棚建在进香妙峰山的南道上。妙峰山进香的南道，原来并不走琉璃渠村，而是从三家店村向北，走曹家沟到军庄，再向西走陈家庄到担礼。清光绪年间，琉璃渠村琉璃窑厂主为了繁荣本村经济，与众多香会会头商议，请进香的队伍改走琉璃渠村。众会头提出条件，必须建一座茶棚，供各香会歇脚。于是琉璃渠村窑厂主捐钱在村北西头修建了万缘同善茶棚，并奏请朝廷，请用琉璃砖瓦。该茶棚除神殿外，还有客房，为香客提供食宿方便，并代存车马。此后，众多香会去妙峰山进香时，均改走此道，此路也被称为“妙峰山正路”。

（8）通过走访，可了解到琉璃渠村原名“刘李居”，民谣有“刘家的山，李家的川，杨家来了让半边”之说。刘李二姓为村中大姓，“居”字意为居住，其引申义指客居、饭馆，至今村中仍留有“刘家店”、“李家店”的名称。由于区位条件优越，早在金代琉璃渠村就已烧制琉璃制品，从元代开始，朝廷即设琉璃局，派官员管辖。由于朝廷在这里设置了管理机构琉璃局，故而其村民也从“刘李居”改称“琉璃局”了，一般简称为“琉局”。清光绪七年（1881年），王德榜治理永定河，当时在琉璃局村修了一条水渠，即后来的城龙灌渠。民国初年，水渠年久失修不能使用，石门营村士绅刘鸿瑞和王德榜后人王道本重修城龙灌渠。在修琉璃局村附近的引水渠时，用了当地废弃的琉璃砖瓦残件砌筑渠体，人称“琉璃渠”。该村村名也逐渐被“琉璃渠”所代替。1949年，该村正式定名为琉璃渠村。

◎ 村落周边推荐景点

门头沟区的“桥梁博物馆”

在琉璃渠村东侧，即为永定河主河道。在此段永定河主河道上，在不足1平方千米的面积上，分布有时间跨度达100年，共8座不同时期建造的桥梁。这些桥梁分别是：詹天佑设计“京门铁路桥”（1907）、法国人设计“（水闸）公路桥”（1922）、“大同-塘沽铁路桥墩”（后为“丰纱线”）（1943）、“水闸桥”（1956）、“丰沙二线铁路桥”（1960年代）、“水闸公路二桥”（2002）、“军斜铁路桥”（1985）、“西六环公路桥”（2009），这些桥梁建造精美，别具特色，堪称为北京市最大的“桥梁博物馆”。

◎ 参考信息

(1)景区信息

自驾车：沿阜石路西行，过西六环后右转进入滨河路，到达水闸后沿水担路继续前行即可。

公共交通：从苹果园地铁站乘坐892路公交车，琉璃渠站下车，也可从苹果园地铁站乘336路公交车至水闸站下车，沿水担路北行或换乘890路公交车前往。

线路4：与“门头沟”区名有关的村庄

——门头口村地方文化考察

门头口村考察示意图

◎ 村落简介

门头口村又名门头村，位于门头沟区龙泉镇，距区政府约4千米。村落辖门头口、龙凤坡、宽街等地，面积2.7平方千米，现有居民93户，292人。

明清时期，门头口村及其附近地区曾有煤窑上百家，是当时北京地区最重要的煤产地。由于此地是西山大路中路古道的必经之地，商旅往来不断。直至民国初年，门头口村及其附近地区一直是门头沟区域内最为繁华的地区。目前村内仍保留有过街楼、大戏楼、岩子井、窑神庙等古迹，这其中就包括目前门头沟区的三最，即最长的过街楼，最大的戏楼和窑神庙。

门头口村内的过街楼曾有三个券洞，南起第一个券洞为古时通道，在该券洞的顶部刻有“门头沟”三字，著名的玉河大道就从该券洞通过，而门头沟区的区名也得于从该过街楼下穿越门头口村的这条山沟——门头沟。

◎ 主要地理活动内容

乡村名称	考察点	内容编号	地理内容
门头沟区 门头口村	1. 窑神庙	4.4宗教	经济因素对区域文化的影响
	2. 大戏楼	4.2地方文化特色	经济因素对区域文化的影响
	3. 过街楼	1.4聚落的影响因素	河流、资源、交通对区域经济的影响
	4. 龙凤坡	1.3 村名的来源	地理要素之间的相互影响
	5. 宽街	1.3 村名的来源	河谷地貌；地形对聚落的影响

◎ 考察步骤

考察点1：窑神庙

从370路公交车停车场北行过桥后，西行约40米到达社区教育中心，院内传达室西北侧即为窑神庙。

图4-1　窑神庙标识牌

图4-2　社区服务中心院内的窑神庙

（1）本地区为什么要修建窑神庙？走访附近村民，了解本地区曾有哪些与窑神有关的祭祀活动。

考察点2：大戏楼

由考察点1原路返回370路公交车停车场，再向西行约20米到达大戏楼。

（2）观察大戏楼的用料、做工等，想象当年本地的经济状况。

图4-3　大戏楼

（3）走访村民，了解大戏楼的修建年代，以及戏楼朝西的原因。

（4）了解本地区曾有哪些庙会组织和庙会活动？

图4-4　过街楼

考察点3：过街楼

从考察点2继续西行约140米，即可到达过街楼。

（5）过街楼下曾有三个券洞，思考过街楼下券洞的作用。

（6）过街楼下的券洞门后来写成了圈门，圈门里（西）以前曾商铺林立，经济繁荣。分析当时圈门里经济繁荣的原因。

考察点4：龙凤坡

从过街楼继续西行150米，过桥后继续西行280米，可见一高大槐树，槐树西侧有一通往沟底的岔路口，即到达地名为龙凤坡的地方。

龙凤坡以前的旧名为“炉灰坡”，后当地村民为图个吉祥，取其谐音改名为“龙凤坡”。

（7）“炉灰坡”这一地名说明了什么？通过这一地名，你能想象当时该地村民的生产和生活景象吗？

图4-5　龙凤坡

图4-6　宽街

考察点5：宽街

从龙凤坡继续西行约190米，可见一岔路口，到达宽街。

（8）观察周边的地理环境，分析宽街地名的由来。

◎ 问题解析

（1）修建窑神庙是由于本地区曾为京西地区重要产煤区，当地绝大部分居民生计与煤炭生产有关。当时，受生产技术与生产条件的限制，煤炭生产的危险性很大。为了确保煤炭生产的安全及与其相关产业的兴隆，人们修建窑神庙，供奉窑神，祈盼得到窑神的护佑。为此，除日常祭祀活动外，每到窑神生日（腊月十七日）、煤窑开窑、煤窑复工及传统节日等还要开展大型的窑神祭祀活动，如向煤窑神供奉供品、烧香叩拜，举行花会与戏班表演等。

（2）通过观察可知，戏楼用料考究，做工精细，砖雕与木雕十分精美，反映了当时本地区经济很发达，经济状况很好。

（3）通过走访一些村民，可以了解到戏楼始建于明代，后经多次修缮。戏楼朝西的原因，主要是当时煤炭生产集中在圈门以西（圈门里），开窑人多，富裕，戏台朝西有为圈门里人唱戏之意。除此之外，走访还可了解到本地区的煤窑业，也视九龙山娘娘庙的娘娘为保护神，窑主和窑工们对娘娘十分崇敬，祭祀礼仪很多。尤其是每年五月初一和九月初一，都要举行盛大的接送娘娘庙会活动。

（4）主要庙会组织有“大会”、“三老会”、“驾会”、“大鼓会”和“扛箱会”等。

（5）门头沟自西向东流，沿河谷至山地垭口是京西古道的必经之地。在门头沟圈门里河段谷深坡陡，河床较高处自然成了古道位置所在。另外，由于当时煤业主要集中在圈门里地区，煤炭生产与外运需要缴纳税金，因而连接河谷南北的过街楼，其下的券洞除有疏导河水的功能外，还有一个券洞（位于南侧，现已拆除成为水泥路）用于设岗，有收取外运煤炭税金和盘查古道商旅的作用。

（6）煤炭是人们生活与生产的主要能源之一，交通运输对社会经济发展起着十分重要的作用。圈门里当时不仅是重要的煤产地，同时也是交通要道。资源与交通优势，共同促进了圈门里地区当时经济的发展。

（7）“炉灰坡”顾名思义，炉灰堆积之处。一是反映了当时本地区人们的生活与生产的主要能源是煤炭，二是反映出煤炭量消费巨大。进而可以推断当时本地区人口较多、经济繁荣。

（8）通过周边观察可以发现，整个圈门里由于地处山区峡谷，沿河谷分布的聚落大都比较狭长。但在河谷弯曲段，由于凹岸侵蚀，凸岸堆积，河流凸岸一般坡度平缓且地域宽广。宽街所在地方恰处河谷的凸岸，这样不仅免受洪水威胁，且有聚落拓展的空间，自然成为居民集中之地，故街道较其他地方相对宽阔。

◎ 村落周边推荐景点

京西古道

门头口村主要街道即为京西古道的一部分。但具有较好风貌的地段主要集中在三店村至峰口庵之间，沿门头口村继续西行便可。

沿京西古道前行，可见孙桥古桥、三店古村、梁桥古桥、横岭与天桥浮古驿道和峰口庵等人文景观。其中，孙桥古桥与梁桥古桥建造精美，古色古香；三店村为门头沟区著名的非物质文化遗产太平鼓的发源地，文化底蕴深厚；横岭与天桥浮古驿道上可见到传统运输方式留下来的遗迹“蹄窝”，以及“见桥不走桥，走桥不见桥”这一特有的文化现象；峰口庵则是京西古道上一处已经荒废了的古代关卡，历史十分悠久。

◎ 参考信息

景区信息

自驾车：沿阜石路西行，过西六环后右转，经滨河路到达河滩十字路口后，西行。

公共交通：从公主坟地铁站乘370路公交车至圈门站下车。

景区没有门票费，全年均可游览。

旅行建议

到门头口村游览，最好继续沿古道前行，到峰口庵处再原路返回。活动安排需一天的时间，沿途均为山路，除拉拉湖附近有餐馆和小卖部外，没有就餐的地方。因此，出发时最好带足饮水及必要的食品。

延庆篇

线路5：小山村里大农业
——小浮坨村农业发展现状考察

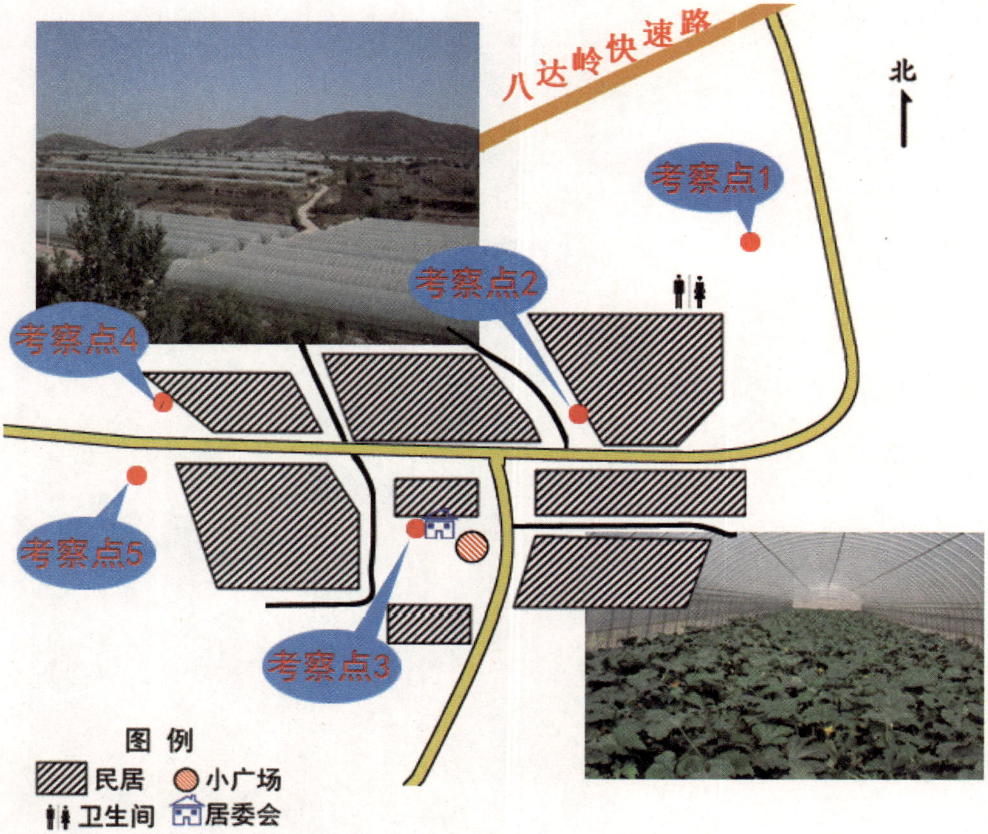

小浮坨村考察示意图

◎ 村落简介

小浮坨村位于北京市延庆县八达岭镇，在县城东南7.8千米，距举世闻名的八达岭长城仅3千米，是塞外通往北京的咽喉要道。全村共198户，562人，村域面积2.2平方千米。

山地环绕的小浮坨村，绿树成荫，村内建有杏树、核桃等果树种植基地。有机蔬菜和花卉种植是本村设施农业发展的重点，目前建有蔬菜大棚约8000平方米，可为村民带来约1730万元的年收入；村内蝴蝶兰种植面积在延庆县位居第一，2010年销售蝴蝶兰约24万余株。小浮坨村由一个无名小村成为远近闻名的设施农业新村。2008年和2009年，该村均获“北京最美的乡村”提名。

◎ 主要地理活动内容

乡村名称	考察点	内容编号	地理内容
延庆县小浮坨村	1. 村东北设施农业基地	3.1农业生产类型、特点	农业生产自然地貌、地势关系
	2. 村中古树	5.1古树名木	树木与环境
	3. 村中文化站	4.11农业与科技	农业发展条件
	4. 村西特色农家院——“窑洞房”	4.1 民俗、民宅、民风	农家特色旅游
	5. 村西“杏花园”	3.1 农业生产	特色农业

◎ 考察步骤

考察点1：村东北设施农业基地

进入小浮坨村，在该村的东北部可见依山而建的蔬菜、花卉大棚约600多个，走进蔬菜、花卉大棚区，即到达考察点1。

图5-1 辣椒

图5-2 蝴蝶兰

（1）参观蝴蝶兰大棚，说出本地蝴蝶兰的花卉颜色主要是什么？你知道蝴蝶兰属于哪一科的植物吗？ 描述花形基本特点。

（2）调查本村主要蔬菜品种和采摘季节，说出本村蔬菜远近闻名的原因。

（3）观察本村蔬菜基地建设的地理位置，思考蔬菜基地选址的主要条件。

考察点2：村中古树

从考察点1沿进村的主街道向西约10米，再向南约10米，主路北有一小巷，沿小巷向北走约5米可以看到一户农家院，这里有我们寻找的，村民口中的“树神”。

（4）观察古树生长情况，填写表5-1。

表5-1 古树调查卡

树种中文名：________			
种植地点：________		树龄：________	
树高：________米		树冠幅：东西____米；南北___米	
胸围（距地面1.3米处）：____米		生长势：____	（强、中、弱）
树冠形：________	（卵、圆、塔、伞）		
树干形：________	（通直、稍曲、弯曲）		

考察点3：村中“文化站”

由考察点2，向西200米，再向南约10米，即可到达“文化站”。“文化站”由村民文化大院、数字影院、老年活动中心和益民书屋等文化活动室组成。参观文化站，完成下列问题。

（5）举例说明小浮坨村村民如何利用“文化站”发展本村农业。

考察点4：村西特色农家院——“窑洞房”

从考察点3北行10米，再向西约20米就来到本村最有特色的农家院之一，来到这里不但可以品尝到小浮坨村的有机蔬菜、瓜果，同时还可感受到“火炕”、窑洞等陕北常见的民俗、民风。这家农家院的窑洞依山而建，共有三层，可容纳上百人同时就餐、住宿。

图5-3 农家窑洞房

图5-4 观光走廊

（6）思考该农家院建成窑洞房与建普通平房相比有哪些地理方面的考虑。

考察点5：村西“杏花园”

由考察点4向西南行5米就是村南的杏树园了，这是本村较早建起的果园之一，它占地2.8平方千米，有1.1平方千米的观光采摘区。

（7）这里红杏的花期和采摘期分别在什么时候?

◎ 问题解析

（1）小浮陀村的蝴蝶兰花的颜色有紫色、白色、黄色等花卉品种，特别是白色蝴蝶兰本村种植的名贵品种。

蝴蝶兰（*Phalaenopsis amabilis*）属于兰科植物，兰科是仅次于菊科的一个大科，分布极广。一般花两侧对称、中央花瓣常变态而成唇瓣。

（2）本村蔬菜大棚主要栽植有番茄、彩椒、黄瓜、架豆等蔬菜品种，采摘的季节要晚于北京地区15天左右。这里的蔬菜由于种植过程中完全不使用农药、化肥、生长调节剂等化学物质，不使用转基因工程技术，同时还通过了独立的有机食品认证机构全过程的质量控制和审查，保证了本村蔬菜的无污染、富营养和高质量的特点。该村作为北京市有机蔬菜种植基地，远近闻名。

（3）本村的蔬菜、花卉大棚坐落在村北部山前地带，背风向阳。在延庆这样的全年气温较低、风沙较大的地区，确保了大棚可以得到较为充足的光热。同时，这里地处山前洪积扇，土层较厚；土壤肥沃，适宜本村农业的发展。

（4）

树种中文名：榆树（*Ulmus pumila*）

种植地点：村中农户院内　　树龄：上百年

树高：20~30米　　树冠幅：东西20米；南北25米

胸围（距地面1.3米处）：6~8米　　生长势：中（强、中、弱）

树冠形：圆（卵、圆、塔、伞）

树干形：通直（通直、稍曲、弯曲）

（5）小浮坨村与中国农业大学、北京大学等多家大专院校、科研单位联合，积极学习新兴农业生产技术。在文化大院，利用中国农业大学研制的数字资源包，播放仁用杏丰产栽培、杏树栽培技术、葡萄大棚栽培、有机生态农业以及太阳能杀虫灯等与本村农业生产有关的节目，为小浮坨村杏树基地和蔬菜大棚的管理建设提供帮助。

（6）该户农家院是在村西头，本村坐落在低山、丘陵地区，依据本村地形、地势依山而建成窑洞式特色农家院，即利用了地形、地势的优势，同时扩大了建筑面积，还可以更好地吸引游客在这里吃、住、玩。

（7）小浮坨村的杏树因地处山区，气温偏低，杏花花期偏晚。北京的杏一般在5月上旬成熟，小浮陀的杏一般在6月底到7月初才可供游人采摘。因此，错峰采摘成为吸引游人的原因之一。

◎ 村落周边推荐景点

寨坡

在新宝庄村头的寨坡山上有一段“圆形长城”， 该长城位于小浮坨村西北约1.5千米处。从小浮坨村上八达岭快速路向东看可见，它高高地矗立在新宝庄村边的山丘上。

该段长城是最不像长城的长城，它呈圆圈形，是用黄土夯成的长城。这段长城修建于明代，据考证是当年戍边战士屯居的场所，现在我们只能见到残存的城墙，不知当年戍边的战士们为什么修建这样的城墙住所，又是怎样在这样的圆形建筑内生活、防御敌军的。

八达岭长城

出小浮坨村向南3千米就是举世闻名的八达岭长城了，它荟萃了万里长城的精华，集长城的神奇、巍峨、险要于一体，成为世界建筑奇迹的杰出代表。

八达岭景区最著名的是翁城，它是东窄西宽的梯形，建于明弘治十八年（1505年）。翁城有东西二门，东门额题“居庸外镇”，西门额题“北门锁钥”。曾经有多名国家元首、政府首脑或执政党领袖登上过八达岭长城。2007年八达岭长城经国家旅游局正式批准为国家AAAAA级旅游景区。

岔道城

在八达岭火车站附近，有一座气势雄浑，建筑坚固的大城堡，这就是“北门锁钥”瓮城的前哨指挥部——岔道城。据《居庸志略》载："八达岭为居庸之禁扼，岔道又为八达岭之藩篱"。当时设有"把总"三名，驻兵八百员，在八达岭长城中起着十分重要的军事防御作用。

◎ 参考信息

景区信息

自驾车：从德胜门出发，沿八达岭高速行驶至营程子出口出高速路，沿八达岭快速路前行，在新宝庄村右转进新宝庄村北主路，沿主路一直向西南走进入小浮坨村北即到。

公共交通： 在德胜门乘坐919路公交车到镇政府站下车，然后转乘小浮坨村的生态观光车即到。

最佳参观时间 3~11月。小浮沱村村委会联系电话： 010-69120416。

旅行建议

一日游：第一天上午小浮坨村，下午登八达岭长城。

二日游：在一日游的基础上，住宿小浮坨窑洞民俗院。第二天，游岔道古城、八达岭长城。

线路6：一锅豆腐百里香

——柳沟村的位置、民俗与水利设施考察

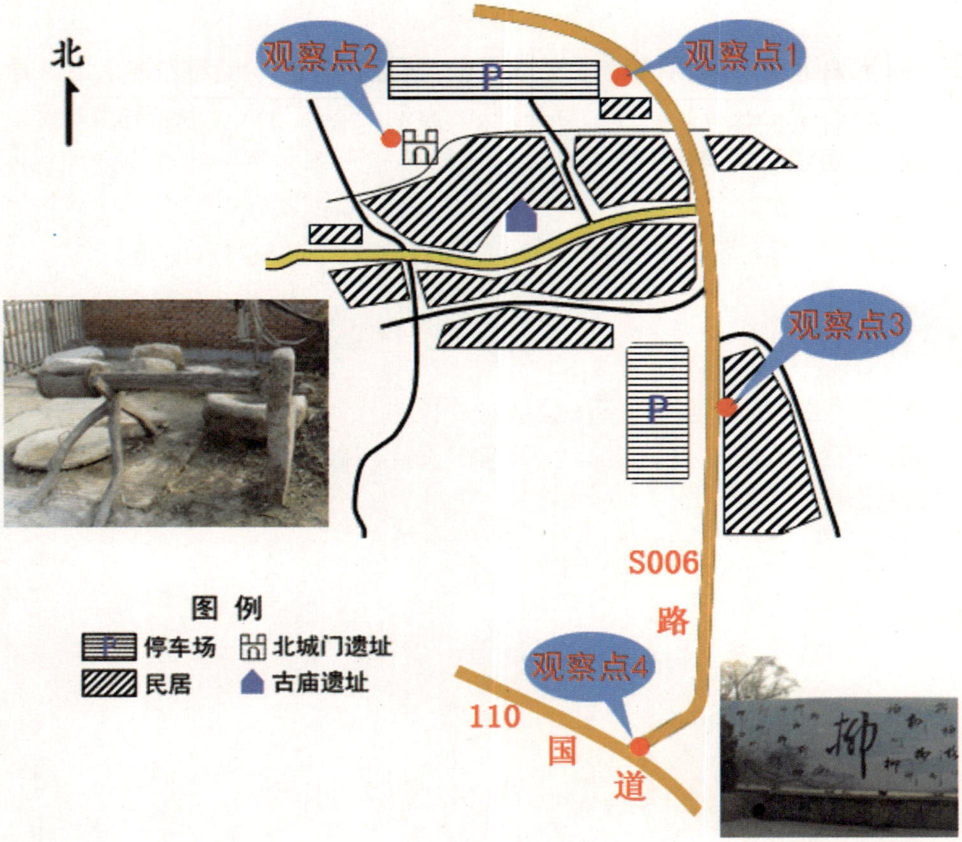

柳沟村考察示意图

◎ 村落简介

柳沟村位于北京市延庆县县城东南10.5千米，面积4.4平方千米，全村402户，1110人。在延庆县，柳沟村是比较大的村庄。

柳沟村位于妫川盆地南沿，东、南、西三面环山。柳沟村古为关隘，明代曾在此筑城屯兵，形成当时的柳沟城。今天柳沟又以热腾腾的火盆锅——豆腐宴名扬四海，带动了柳沟村的经济发展，使柳沟这座凤凰古城再次展翅高飞。2008年，柳沟村被评为“北京最美的乡村”。

◎ 主要地理活动内容

乡村名称	考察点	内容编号	地理内容
延庆县柳沟村	1. 村北北京豆腐文化博物馆	4.1民俗、民宅、民风 4.8　特色美食	特产与地理环境的关系
	2. 村西北古城门	4.10　遗址、遗迹	位置与军事防卫的关系
	3. 村东民俗户	4.8　特色美食	特色饮食文化
	4. 村南军都山渡槽	2.5　水利设施	水利设施与农业

◎ 考察步骤

考察点1：村北北京豆腐文化博物馆

图6-1　豆腐文化博物馆

从县城沿妫河南路到井庄乡，再往南走就到达柳沟村。村口赫然可见柳沟村的北京豆腐文化博物馆。

（1）博物馆外展台展示了我国农村常见的两种传统工具，如图6-1中所示的两件农具，你知道它们各自的名称和用途吗?

（2）参观豆腐博物馆，说出制作豆腐的基本步骤。

（3）走访村民，说说柳沟豆腐好吃的原因。

考察点2：村西北古城门

从考察点1向北，沿公路向南约10米，再向西约500米，可见村北古城门遗迹。据说这个古城在明朝末年是屯兵驻扎的地方，“凤凰城”的名字来自于瓮城，站在高处俯瞰全城，整个古城就似一只展翅的凤凰，而凤头就是北门前的影壁。

图6-2　古城墙

图6-3　古城门

（4）走访村民，了解明朝为什么把柳沟城建为军城？

（5）从柳沟的地形、地势看柳沟是否具有关口作用？

考察点3：村东民俗户

从考察点2沿村中街道向南约10米，再向东50米，沿着主路向南约150米是新建的民俗户农家园。这些民俗户有统一的标准，无论是房屋建筑还是庭院环境、接待设施、餐饮价格及标准等都十分规范。

图6-4　村广场火盆锅模型

图6-5　豆腐宴美食

（6）向村民了解柳沟“火盆锅”这一民俗的起源。

（7）品尝“火盆锅”，找找最具柳沟特色的食材。

考察点4：村南军都山渡槽

从考察点3沿公路向村西南走，在与110国道的交汇处可见白河南干渠的军都山渡槽。该渡槽桥全长276米，主跨长126米，槽宽3.2米，高1.8米，槽身距地面27米，塔墩高52.4米。

（8）观察并说出该渡槽的延伸方向。

（9）寻访村民或查阅资料，说出军都山渡槽当时创造了哪两项“世界之最”。

◎ 问题解析

（1）图中豆腐博物馆门口雕塑的上方，左边是过去农村用的农具石磨，右边是去农村用的农具石碾。传统豆腐制作用的工具是图左边的石磨，石磨是豆腐制作必不可少的工具，它可以把豆子压碎、磨出豆浆，豆浆经过点制、压浆成豆腐。碾子是过去农民碓米、磨面用的农具。

（2）豆腐制作基本步骤有泡豆—打磨成浆—煮浆—过滤—点豆腐—压浆成型—豆腐。

（3）柳沟古城内有一口盘木井，这口老井建于解放初期，底层的井壁用盘木铺就，于是有了“盘木井”的名字。据说从这口井里打上来的水甘甜清冽，用它点的豆腐特别鲜嫩，表面还会渗出黄色油状物，于是柳沟的豆腐成为一种传奇。

（4）明嘉靖22年（公元1543年），为防御蒙古鞑靼侵扰，拱卫皇陵，朝廷在皇陵北修筑了一道土边墙，其中中部要冲就是柳沟地区，因此，在此建军城把守。

（5）柳沟地处延庆盆地的南沿，南依皇陵，北连妫川，东、南、西三面环山，地理位置特别重要，因此成为古代居庸关的前哨，重要的关口。

（6）相传火盆锅的来历是这样的：穷人家里冬天本来靠火盆取暖，吃饭时把砂锅往上一搁，将白菜、豆腐、五花熏肉等都放在锅里一炖，始终热乎不说，吃起来味道醇厚，香味怡人。火盆锅从此便成为一种特别的烹制方式流传开来。延庆县地处北方，冬季寒冷，火盆锅冬季吃利于菜肴的保温，于是成为这里的一道特色美食。

（7）火盆锅内有柳沟鲜美的豆腐，豆腐分为三色，分别是白、绿、黑，称之三色豆腐。这些食材放到火盆锅中炖制是柳沟美食的代表。

（8）东北—西南走向。

（9）该渡槽桥的宽跨比仅1/40，是当时世界建造史上罕见的。建设中采用“地面成型、整体提升”的方案，突破了当时史上大跨、高柔结构高空架设的难题。

◎ 村落周边推荐景点

妫河生态走廊

从柳沟村到县城有湖南路、湖北路沿途，可见环境优美的妫河生态走廊。妫河是延庆的母亲河，流经县域长达30千米，最后向西注入官厅水库，是首都重要水源之一。近年来，延庆县在妫河两岸200米范围内建设妫河生态走廊，绿化面积达到1.3万亩。妫河生态走廊全长18千米，全部按照园林小品的风格进行立体式绿化美化，做到三季有花，被称为名副其实的山水生态画廊。2011年在妫河沿岸成功举办“首届北京国际自行车骑游大会”。

永宁古城

从柳沟村向东北走约5千米就到了永宁古城，永宁镇是延庆县第二大镇，这里聚八方之风物，集万古之重载。古城由新建东西南北城墙及古城墙遗址等景点构成。古城中央设有“玉皇阁”一座，辐射四街；即东为“ 文教卫生”一条街，西为“手工作坊”一条街，南为“文化”一条街，北为新建青砖灰瓦的“明清风格”的步行商业街。明代永乐十二年（公元1414年），明成祖朱棣北巡驻跸延庆时，在此置永宁县，兴建十三陵，故有“先有永宁城，后有十三陵”之说。

◎ 参考信息

景区信息

自驾车：走八达岭高速到延庆，沿永宁方向指示路标即可到达。

公共交通：从德胜门乘919路公交车到延庆川北小区南门站下，然后转乘920路公交车到达柳沟村停车场。

联系电话：010- 81172699。

住宿：柳沟村的民俗接待户很多，分大土炕和床板两种，可根据个人喜好选择。

餐饮：火盆锅豆腐宴有十余种配菜，大概26元/位。

土特产：村子旁边有个土特产小市场，主要经营本地出产的酸枣、核桃、海棠干等山货。

旅行建议

一日游：方案一，第一天上午永宁古城，下午柳沟村；方案二，第一天上午龙庆峡，下午柳沟村。

二日游：方案一，第一天古崖居、柳沟，第二天百里山水画廊；方案二，第一天四季花海，第二天柳沟、妫河生态走廊。

线路7：聚势龙跃话今昔

——龙聚山庄聚落与环境考察

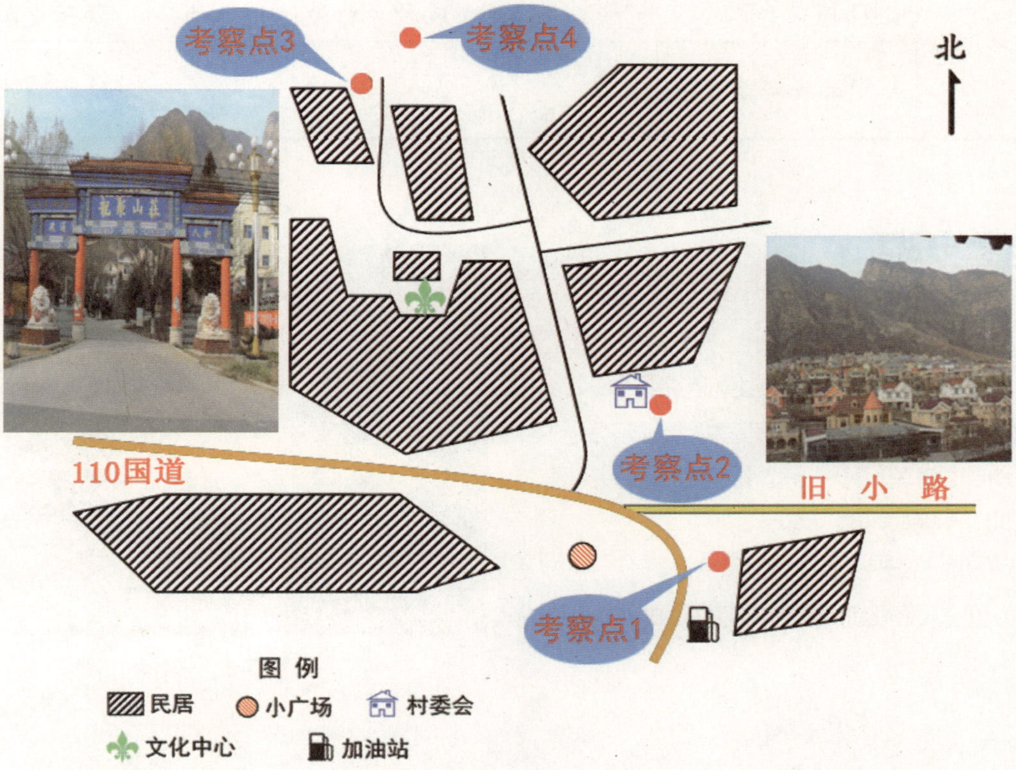

龙聚山庄考察示意图

◎ 村落简介

龙聚山庄位于延庆县城正北8千米，属于张山营镇。该村东依石京龙滑雪场，南濒万亩妫川平原，北靠应梦寺山，是一个靠山面川交通便利的小村庄。该村共有290户，608人，村域面积2.2平方千米。

原名小鲁庄村的龙聚山庄诞生于社会主义新农村建设，随着名称的改变，整个村庄的历史也在发生深刻的变革。背靠山地的龙聚山庄，在昔日的荒山坡上依据地势，由南向北建成了错落有致的独特住宅小区。该村的设计将新城市主义理念融入建筑中，强调了景观中人与自然的和谐。昔日不起眼的小鲁庄村变身为今天现代化新农村——龙聚山庄。2006年，龙聚山庄当选为“北京最美的乡村”。

◎ 主要地理活动内容

乡村名称	考察点	内容编号	地理内容
延庆县龙聚山庄村	1. 村中高塔	1. 5村落规划	聚落的自然环境
	2. 村委会	1. 4聚落的影响因素	聚落的人文环境
	3. 村西北老年公寓	4. 5新村发展对乡村聚落的影响	聚落发展
	4. 村北地形考察	2. 1地质、地貌 2. 6 土地利用	地形、土地利用

◎ 考察步骤

考察点1：村中高塔

从延庆县城向北沿110国道走约8千米，可见龙聚山庄大门，从龙聚山庄大门向东沿旧小路行约50米，路南可见一座高塔。观察该塔，并登至塔顶，回答问题：

（1）你能说出该塔的用途吗？

（2）通过观察并结合山庄鸟瞰图，完成表7-1。

图7-1　村中高塔

图7-2　龙聚山庄村鸟瞰图

表7-1 龙聚山庄选址的自然条件

位置	地形	水源	光照
位于______盆地北部边缘，山前______上	地势______方向高______方向低	村南是______河的发源地，地下水______	地处______（阳、阴）坡，光照______

考察点2：村委会

图7-3　龙聚山庄村委会

从考察点1沿门前的旧小路走回山庄大门口，进大门向东即是村委会所在地。参观村委会，多渠道了解村庄情况。

（3）简要说出龙聚山庄村发展与交通的关系。

（4）走访村民，了解他们目前主要从事的工作，想一想这些工作属于哪些产业？

考察点3：村西北老年公寓

从考察点2沿进村南北向街道向北前行，在接近路的北端向西进入村老年公寓。

图7-4　老年公寓建筑

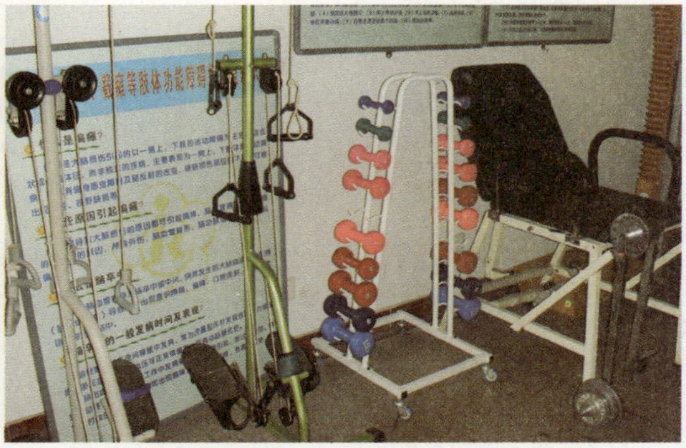
图7-5　康复设施

（5）询问老年公寓管理员，了解本村老人入住有哪些优惠条件？

（6）列举老年之家的设施，说出新农村为什么要修建老年公寓？

考察点4：村北地形考察

由考察点3向东北不到10米，就到了龙聚山庄休闲健身大自然的氧吧——龙聚峡谷，站在峡谷谷口可远眺延庆县城。

（7）在龙聚山庄远眺，可以观察到哪几种地形类型？

（8）龙聚山庄为什么没有建在村南部的平原地区？

◎ 问题解析

（1）本村集中供热的烟筒。

（2）表7-1 龙聚山庄选址的自然条件

位置	地形	水源	光照
位于延庆盆地北部边缘，山前洪积扇上	地势北高南低	村南是菜家河的发源地，地下水较为充足	地处阳坡，光照充足

（3）龙聚山庄紧邻110国道，有县级道路“旧小路”通过该村，交通十分便利。村落建设在交通便利的地方是本村选址的重要因素之一。

（4）村民主要从事楼宇服务、环境美化、绿化等服务业，即第三产业。与以往主要从事农业生产有很大不同。

（5）龙聚山庄的村民年龄在60岁以上，可以免费入住老年公寓。公寓内有完善的生活、娱乐、康复设施，老人每年还可以得到一定金额的养老补贴。

（6）龙居山庄老年公寓有食堂、住房、娱乐室、康复健身室等较为完善的生活设施，本村解决了农村老年人口无人照顾的问题，为老年人文化休闲等多方面提供方便，使本村老人度过幸福晚年生活。

（7）站在村北最高处，可见山地、盆地等主要地形类型。

（8）龙聚山庄地势北高南低，南部地形平坦，是该村农耕地的主要部分，如用做建筑用地，该村耕地资源将会遭到破坏，不利于该村农业长期发展。

◎ 村落周边推荐景点

龙庆峡风景区

从龙聚山庄村大门沿旧小路向东走约2千米就是龙庆峡风景区。龙庆峡风景区有“塞外小漓江”之称，这里有古城水库的清水，蜿蜒曲折的古城河，沿河两岸崖壁之上，有镇山如来、石熊跳岩、鸡冠山等奇峰怪石，堪称“塞外一绝”。

夏季龙庆峡的平均气温比延庆县城低2.9℃，比北京城区低6.4℃，甚至比承德避暑山庄还低0.8℃，是北京避暑的不二选择。冬季，利用这里气候异常寒冷，结冰期较长的特点，开展冰雪旅游活动，龙庆峡冰灯节至今已有25年的历史，这里已成为北京冬季冰雪乐园。在这里观水蚀地貌、看水利工程、考察河流水系都是你欣赏美景之余的地理学习收获。

玉渡山风景区

从龙聚山庄往西走，大约4~5千米到达玉渡山风景区。玉渡山集山、石、林、泉、瀑、花、草之美于一体，在清、幽、静、野之中浑如天籁。

游览玉渡山，你可以领略山地、沟谷地貌，也可以静听潺潺流水，山中高大的松树、桦树、栎树，以及荆条、山杏等植物资源是学习的很好素材。

◎ 参考信息

景区信息

自驾车：从德胜门出发，沿八达岭高速路行驶至营城子出口出高速路，再沿八达岭快速路前行至县城沿110国道方向（京张公路）就可到达龙聚山庄。

公共交通：在德胜门乘坐919路公交车到县城下车，然后转乘去龙聚山庄村的公交车即到。

最佳参观时间 5~10月。联系电话：010-81183066。

旅行建议

一日游：第一天上午龙聚山庄，下午龙庆峡。

二日游：在一日游的基础上，住宿龙聚山庄宾馆。第二天，游松山、玉渡山等。

线路8：深山的静谧小村

——香屯村植物及地貌考察

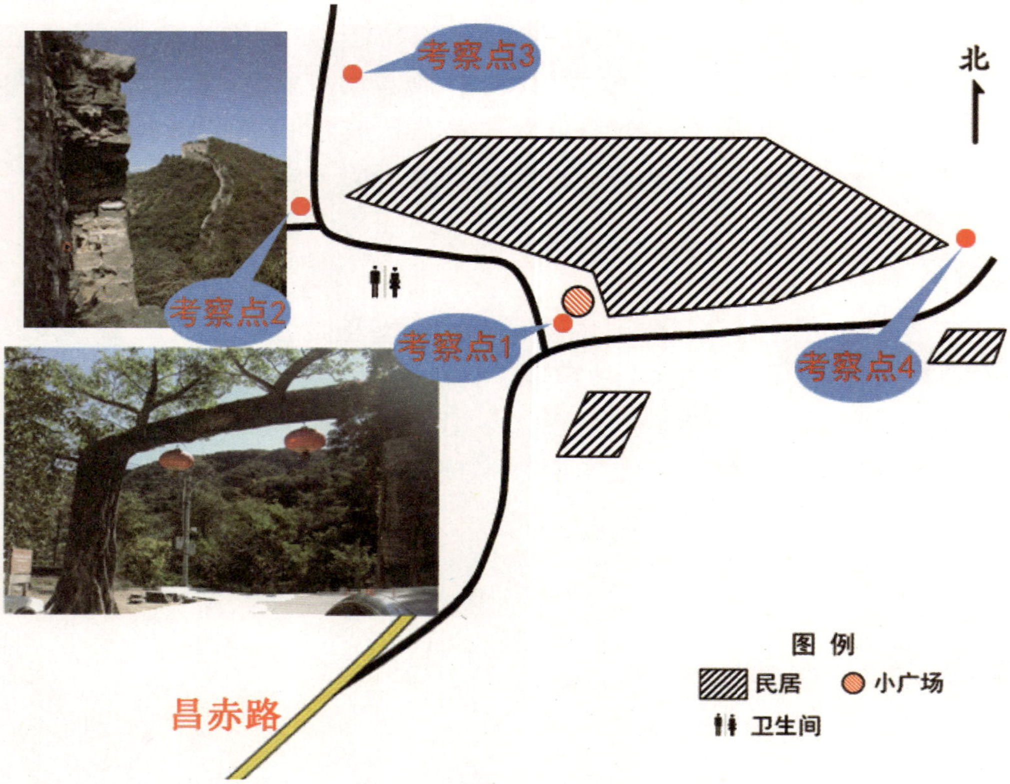

香屯村考察示意图

◎ 村落简介

香屯村位于北京市延庆县大庄科乡，地处延庆县与昌平、怀柔区的交界，与北京城区和延庆县城的距离都在60千米左右。依山而建的香屯村，村域面积2平方千米，共24户，66人，是县城东南的一个不起眼的小山村。

深山峡谷之中的香屯村历史悠久，据史料记载，该村建于明代，因村内庙宇常年香火缭绕而得此名。村边溪水环绕，房屋错落有致；弯曲的街道，石头墙、石头台阶，再加上古井、石磨、石碾等等，都展现出古老山村的原始、宁静与古朴典雅。

依托这优美的自然环境和人文景观，香屯村的村民在延庆县率先开展了乡村生态民俗旅游。2007年，香屯村被评为“北京最美的乡村”。

◎ 主要地理活动内容

乡村名称	考察点	内容编号	地理内容
延庆县香屯村	1. 村口小广场	1.3 村名的来源 4.9 革命史	聚落文化 爱国主义教育
	2. 村西“栗子园”	3.1 农业生产	认识植物
	3. 村北古长城	4.3 非物质文化遗产	长城文化
	4. 村东峡谷	2.1 地质、地貌 2.2 植被、土壤	植物识别、流水地貌

◎ 考察步骤

考察点1：村口小广场

进入香屯村，在村内唯一的开阔地——村口“小广场”，观察村口建筑，与村民访谈，回答下列问题。

图8-1 香屯村最美乡村标志

图8-2 民俗村标志

（1）在村口“小广场”找到“北京最美的乡村”标志。看一看，香屯村还曾获得过哪些称号，并记录下来。

（2）寻访村民，了解香屯村村名的由来，你能说出香屯村香火缭绕景色消失的原因吗？

（3）走在村中，从哪些地方可以感受到香屯村的古老？

考察点2：村西“栗子园”

从考察点1西行约200米，就可见村西边山地上的上千亩板栗园。香屯村的板栗树种植历史悠久，三百年以上的板栗树近千棵。

图8-3　板栗果实

图8-4　板栗开花

表8-1　板栗基本习性

名称	科、属	本村种植坡向	林下土壤特点	储存禁忌
板栗	壳斗科栗属	阳坡	砂质土壤	怕干、怕冻、怕热

（4）观察图片，你知道照片中拍摄的是什么吗？与栗子有什么关系？

考察点3：村北古长城

由考察点2，北行约200米到香屯村北的长城。香屯村的这段长城建于明代，东面与怀柔的黄花屿长城相连，全长4057米，有空心敌楼13座，均为砖石结构。这段长城未经修复，或完整、或残存的长城更有一种历史的沧桑感。

图8-5　长城

图8-6　长城敌楼

（5）登上香屯村北面的长城，寻找出图片中的长城建筑，说出其功能。

（6）说出本地长城主要建筑材料是哪些？想一想，为什么选用这些材料？

考察点4：村东峡谷

从考察点1向东100米就是本村所临的峡谷——大云大峡谷，峡谷全长5千米，幽深清新，两岸岩壁陡峭，中间小溪潺潺流水，随处可见的光滑巨大的鹅卵石，山上茂密的植被，宛若一处世外桃源。

图8-7　大云峡谷碑文

图8-8　大云峡谷景观

（7）写出你在峡谷中看到的五种植物的名称。

（8）说出大云峡谷内岩石主要类型，说明峡谷中大量岩石很光滑的原因。

◎ 问题解析

（1）北京市乡村民俗旅游村牌子。

（2）香屯村原来有庙，早时香火很盛，常年香火缭绕，村名由此而来。日本侵华期间，远在深山的香屯也未能幸免，日本鬼子火烧了香屯的小庙，从此，香屯只有其名，不见香火了。

（3）香屯窄小弯曲的街道上可见石头墙、石头台阶，再加上古井、石磨、石碾，古长城等等，都展现出古老山村的原始、宁静与古朴典雅。

（4）照片中展示的是栗子果实的外壳。

（5）左图是长城上的导水槽。

（6）这里的长城是用砖和大量的花岗岩建造的。因为本地山地上有大量的花岗岩出露，因此，人们就地取材，在长城的主体基坐上使用了大量的花岗岩作为建筑材料。

（7）常见植物：山楂、柳树、榛、二色胡枝子、绣线菊、荆条、酸枣等。

（8）沿途可见大量光滑的花岗岩，岩石的磨圆度较好，可见这里曾经有很强烈的流水外力作用。

◎ 村落周边推荐景点

莲花山

位于香屯村北约3千米处。从香屯村返回昌赤公路后向西北前行，在莲花山公园指示牌及公园大门进入，再向北行约2千米到达。

莲花山山体为花岗岩，垂直节理发育，流水侵蚀出很多凹曹，似莲化含苞预放。半山腰上有古庙，为清代所建。相传八仙中的汉中离曾在此修道出家。庙周围古木成荫，云雾缭绕，为这座山平添许多神秘色彩。

白龙潭

位于香屯村西北约3千米处，在昌赤公路旁的桥下。白龙潭是在花岗岩石上形成的大石坑，学名叫“岩臼”，石潭深达18米。经多次科学考察，推断白龙潭为距今约200多万年前第四纪冰期冰川融水侵蚀的结果。在这个巨型冰臼的底端，还耸立着一座6米多高十分奇特的“小山”。

◎ 参考信息

景区信息

自驾车：沿昌赤公路向北，经过昌平十三陵到延庆东三岔，再向北路东有指示牌到香屯。

公共交通：从德胜门乘925路公交车到大庄科站，步行约2千米到香屯村。乘坐919快车(9站) 到达石河营站，乘坐925路[大庄科-解字石]，或y16路[清泉铺-铁炉]， 到大庄科站；步行到香屯村。

联系电话：010-60192654

旅行建议

一日游：上午古长城，下午旺龙潭大峡谷。

二日游：在一日游的基础上，住宿香屯村。第二天，游莲花山、白龙潭。

顺义篇

线路9：鲜花盛开的村庄

——北郎中村现代农业考察

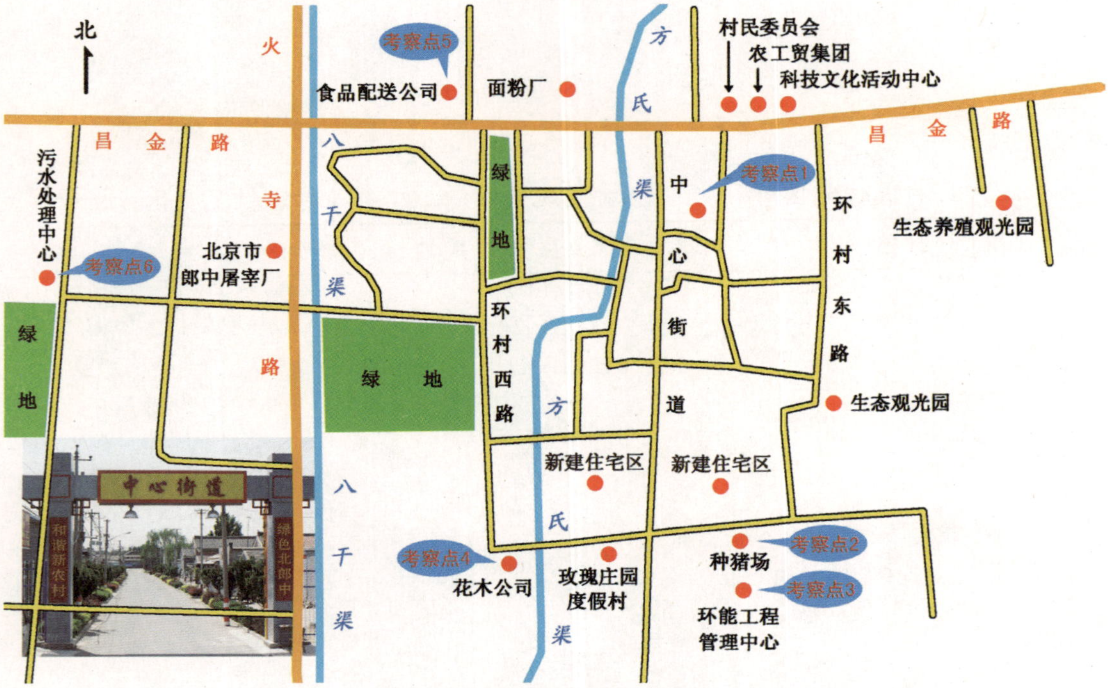

北郎中村考察示意图

◎ 村落简介

北郎中村位于顺义区西北部，是赵全营镇域规划中的重要节点和中心村，全村现有520户，1500人。村域面积约4.3平方千米。

2005年，北郎中村成为北京市确定的13个旧村改造示范村之一，该村也是顺义区在新农村建设中确定的唯一“升级改造型”村庄。在新农村建设过程中，北郎中村成为顺义区“推进城乡一体化”三个“引导示范型”村庄之一。北郎中村确立“发展绿色经济、营造绿色环境、奉献绿色产品、共享绿色生活”的“四绿”发展定向和“生产、生活、生态、示范”四位一体的发展定位，用发展工业的理念发展农业。实施园区化、规模化、特色化、品牌化和产业化的发展战略。依托科技，大力调整和优化产业结构，初步形成了以花卉产业、籽种农业、农产品加工业、物流配送业和观光农业为主的产业结构。初步实现了一、二、三产业有机融合、相互促进、协调发展的“都市型现代农业”[①]。2009年，全村实现经济总收入4.5亿元，人均纯收入2.1万元，村民

① 都市型现代农业是指地处都市及其延伸地带，紧密依托并服务于都市的农业。它是大都市中、都市郊区和大都市经济圈以内，以适应现代化都市生存与发展需要而形成的现代农业。都市农业是以生态绿色农业、观光休闲农业、市场创汇农业、高科技现代农业为标志，以农业高科技武装的园艺化、设施化、工厂化生产为主要手段，以大都市市场需求为导向，融生产性、生活性和生态性于一体，高质、高效和可持续发展相结合的现代农业。

实现充分就业和持续增收。

北郎中村是北京市民俗旅游村，2006年被评为“北京最美的乡村”。2011年被列入“北京市中小学生社会大课堂指南”。

◎ 主要地理活动内容

乡村名称	考察点	内容编号	地理内容
顺义区北郎中村	1.村民住宅区	1.5村落规划	村容村貌变化、新村建设成就
	2.种猪场	3.3农业生产方式的转变	籽种产业特色
	3.环能工程管理中心	2.10清洁能源	沼气等新能源的应用
	4.花木公司	3.4现代农业	现代农业窗口、花卉苗木特色
	5.食品配送公司	3.5名特优土特产	有机食品的生产、加工、销售
	6.污水处理中心	2.8环境保护与村落发展	水资源利用与污水治理情况

◎ 考察步骤

考察点1：村民住宅区

该考察点位于昌金路以南，方氏渠以东的北郎中村内。

（1）观察北郎中新建住宅特点，了解新农村建设成就。

（2）观察村内荷花塘，想一想，荷花塘有哪些生态效益。

图9-1　新建村民住宅区

图9-2　村内荷花塘

考察点2：种猪场

该考察点位于村庄南部，沿中心街道向南，路口东南侧为种猪场。

（3）参观种猪场展厅，了解籽种产业在经济发展中的作用。

图9-3　台系杜洛克种公猪

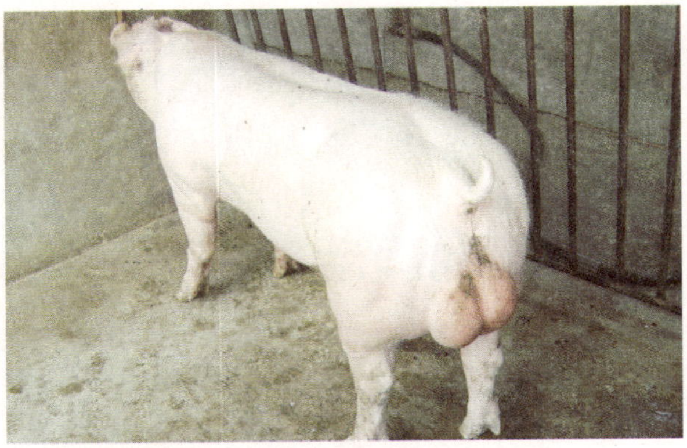

图9-4　比利时长白种公猪

考察点3：环能工程管理中心

该考察点紧邻种猪场南侧。

（4）参观沼气发生器，了解沼气特点和用途。

图9-5　沼气发生器

图9-6　沼气做饭

考察点4：花木公司

该考察点位于环村西路南端，从种猪场北侧的街道向西约1千米即到。

（5）参观北郎中花木公司，了解花卉产业在农业产业升级中的重要作用。

图9-7　北郎中花木公司

图9-8　常绿乔木新品种——绿宝

考察点5：食品配送公司

该考察点位于村庄北部，从花木公司走环村西路向北，过昌金路即到。

（6）参观北郎中食品配送公司，了解配送产品种类和特色。

图9-9　北郎中食品配送公司

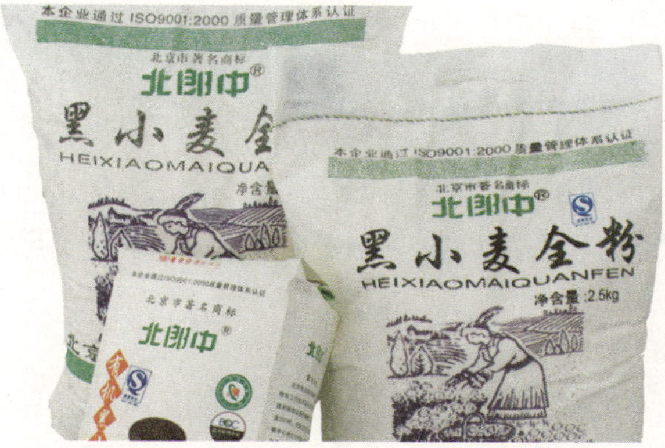

图9-10　北郎中牌有机黑小麦全粉

图9-11　北郎中牌有机糯玉米

考察点6：污水处理中心

该考察点位于火寺路以西的北郎中村加工园西侧，从食品配送公司走昌金路向西约1千米，再转向南约500米即到。

（7）沿途参观北郎中村雨洪利用工程，了解水资源“开源”情况。

（8）参观北郎中加工园污水处理中心，了解污水的处理与利用情况。

图9-12 北郎中村雨洪利用工程

图9-13 污水处理中心

◎ 问题解析

（1）北郎中村规模较大，村民住宅区由老住宅区和新建住宅区组成。新建住宅区包括低层住宅区（位于村庄南部）和多层住宅区（位于村庄西北部）；是“升级改造型”村庄的示范区，较好地体现了新农村建设成就。

北郎中村是京郊农村现代农业发展的典型，花卉产业、籽种产业、文化创意产业等是该村的支柱产业，还是“京郊人均劳动所得超万元专业村”，先后获得了“全国先进基层党组织”、“全国造林绿化千佳村”、“经济结构调整先进村”、“高效农业园”、“京郊发展经济十大典型”、“首都文明村”等荣誉称号。

（2）北郎中村内有荷花塘，既可美化环境，又可净化生活污水。

（3）养猪业是北郎中村的支柱产业之一，特别是种猪产业具有明显优势。其中的长白种公猪、杜洛克种公猪、大白种公猪等多个系列曾在全国农博会上获奖，在北京市乃至全国都占有一定位置。养猪业是北郎中食品加工业的重要原料来源，是有机食品的肥料来源，是生产沼气的原料来源。如今的北郎中村已成为远近闻名的“京郊养猪第一村”。

（4）沼气是新能源的重要组成部分，在北郎中村使用较普遍。北郎中村环能工程大致包括以下几道工序：养殖场粪便污水→沼气发生器→沼气（沼气→沼气灶具、沼气发电、沼气消毒、沼气取暖）和沼渣（沼渣→有机肥→有机农作物、果树、花卉等）。

沼气是有机物质在厌氧条件下，经过微生物的发酵作用而生成的一种可燃气体。由于这种气体最先是在沼泽中发现的，所以称为沼气。人畜粪便、秸秆等各种有机物在密闭的沼气池内，在厌氧（没有氧气）条件下发酵，即被种类繁多的沼气发酵微生物分解转化，从而产生沼气。沼气是一种混合气体，可以燃烧。

（5）花卉产业是北郎中村的支柱产业，是该村发展都市型现代农业的重要体现。其中，种苗产业占有突出地位。北郎中花木公司是北京市花卉产业的龙头企业，曾承担了鸟巢、水立方等北京奥运会场馆的绿化工作，是中国第七届花博会的主要参展单位。其培育的常绿阔叶乔木新品种——“绿宝”，是北方冬季绿化的优选品种。

（6）北郎中食品配送公司依托北郎中面粉厂和北京市郎中屠宰厂等本村的龙头企业，主要负责为北京市及全国其他地区的超市、商场配送绿色食品、有机食品。主要品种为北郎中牌有机黑小麦全粉、有机猪肉、有机糯玉米等。

（7）北郎中村充分利用河流、池塘、低洼地区，将雨水截流，一部分补充地下水，另一部分作为生产生活用水，起到了“开源”的作用。

（8）北郎中村在生活区和生产区分别建设了污水处理设施，全村污水治理和中水（经过处理的污水）回用取得了显著成绩。中水可以作为景观用水，也可以作为绿化用水。

◎ 村落周边推荐景点

元圣宫

北郎中村出发，走昌金路向东约8千米，转顺安路向北约1.5千米即到。

元圣宫位于顺义区牛栏山镇牛栏山一中校园内。始建年代不详，今碑文记载曾重修于明朝万历年间。庙宇坐北朝南，前立木制牌楼一座，其后有石狮一对，为明代遗物。后面是仪门、前殿、正殿、后殿、东西配殿等建筑，房屋共40余间，均为清代建筑。殿宇上分别绘有旋子彩画、苏式彩画和空彩画。前殿月台上，有古柏两株，高大粗壮，直插霄汉。后殿5间，黄琉璃绿剪边，金龙和玺彩画，月台高大。东西配殿各5间。院中松柏参天，甬道用各色石子拼成图案。元圣宫为顺义区重点保护文物。

◎ 参考信息

景区信息

自驾车：沿大广高速公路向北，转昌金路向东6千米即到；或沿101国道向北，转昌金路向西7千米即到。

公共交通：东直门乘916路公交车到牛栏山环岛下车，换乘947路公交车往正西方向即可到达北郎中村。

联系电话：60434371

网址：http://www.bjshy.gov.cn/Item/18368.aspx

旅行建议

全年均可参观，门票为每人20元。可参观北郎中科技文化活动中心、北郎中生态观光园（北郎中果园采摘，另收费）、种猪厂、花木公司、食品配送公司等。若需采摘特色农产品，以9月~10月为宜。

线路10：御杏园里寻“杏”运

——西赵各庄村特色农业与民俗考察

西赵各庄村考察示意图

◎ 村落简介

西赵各庄村地处顺义区西北部的燕山脚下、京密引水渠畔，位于北石槽镇最西侧，西邻昌平区。全村共有370户，900余人，耕地2400亩。2008年人均劳动收入为10530元。

西赵各庄村以农业为主导产业，二、三产业为辅。近年来，大力发展观光采摘和农家院休闲旅游。依靠农业科技，种植鲜杏、樱桃、柿子等果品，特别是“铁吧哒”等优质品种杏。① 走出了一条“科技兴村”的新路子。

作为清朝皇帝行宫所在地，独特的历史文化背景，浓厚的燕京文化底蕴，使西赵各庄村有着得天独厚的人文风采。通过保留或改善民俗文化活动场所，举办相关民俗文化活动（如民俗表演）等方式，西赵各庄人充分利用民俗文化资源，提高农民参与民俗文化活动的积极性，利用民俗文化资源创造经济利益，实现了民俗文化资源的合理开发利用，彰显出巨大的经济效能。

在西赵各庄村的文化大院里，民俗文化培训班让高跷、五虎棍、小车会、文吵子等具有浓郁地方特色的民俗得到了有序传承，这些传统节目多次获得民间花会类比赛大奖。2007年，“文

---

① 杏为蔷薇科李属植物，原产于中国，现分布于世界许多地区，是温带地区的重要水果之一。杏树喜轻质土，适宜在排水良好的肥沃壤土上生长，在我国华北、东北、西北等地区都有广泛栽培。京郊北部的山前地带，是“铁吧哒”等优质品种杏的重要产地。

吵子”成功通过了北京市顺义区非物质文化遗产申请认证。

每年到了品果季节，民俗表演与采摘游乐交相辉映，引得游人流连忘返。2009、2010年，西赵各庄村两度获得“北京最美的乡村”提名。

◎ 主要地理活动内容

乡村名称	考察点	内容编号	地理内容
顺义区 西赵各庄村	1. 御杏园	3. 5名特优土特产	优质杏的栽培与生长条件
	2. 瑞尔动物庄园	3. 2观光农业	特色养殖对当地经济发展的作用
	3. 京密引水渠	2. 5水利设施	保护水源的重要性
	4. 村委会	4. 1民俗 4. 3非物质文化遗产	了解该村的特色民俗文化
	5. 秸秆燃气站	2. 10清洁能源	了解新能源的利用情况

◎ 考察步骤

考察点1：御杏园

由大广高速公路北石槽出口转怀昌路向西3千米，至高下路向南1千米即到。

（1）参观御杏园，体验观光采摘园的乐趣，了解品牌农业对促进当地经济发展的作用。

（2）观察御杏园周边的地形特征，试从地形、土壤、小气候等方面分析西赵各庄村栽培优质杏的有利条件，完成表10-1。

表10-1　御杏园的自然环境特点

地 形	土 壤	小 气 候

图10-1　露天采摘

图10-2　大棚采摘

图10-3　铁吧哒杏

图10-4　骆驼黄杏

考察点2：瑞尔动物庄园

位于御杏园内部北侧。

（3）参观瑞尔动物庄园，体验与动物接触的快乐，了解庄园落户本村对促进当地经济发展的作用。

图10-5　饲养的羊驼

图10-6　饲养的矮马

图10-7　海狮表演

图10-8　孔雀觅食

考察点3：京密引水渠

出御杏园，走高下路向北1千米即到。

（4）了解京密引水渠的作用及保护情况。

图10-9　西赵各庄村前的京密引水渠

图10-10　北石槽中学护水队

考察点4：西赵各庄村委会

由考察点3向东200米，路北进村300米即到。

（5）了解区级非物质文化遗产“文吵子”及其他民俗表演。

（6）了解民俗表演等文化活动对村庄发展的促进作用。

图10-11　民俗表演——文吵子

图10-12　民俗表演——走高跷

图10-13　民俗表演——五虎棍

图10-14　民俗表演——小车会

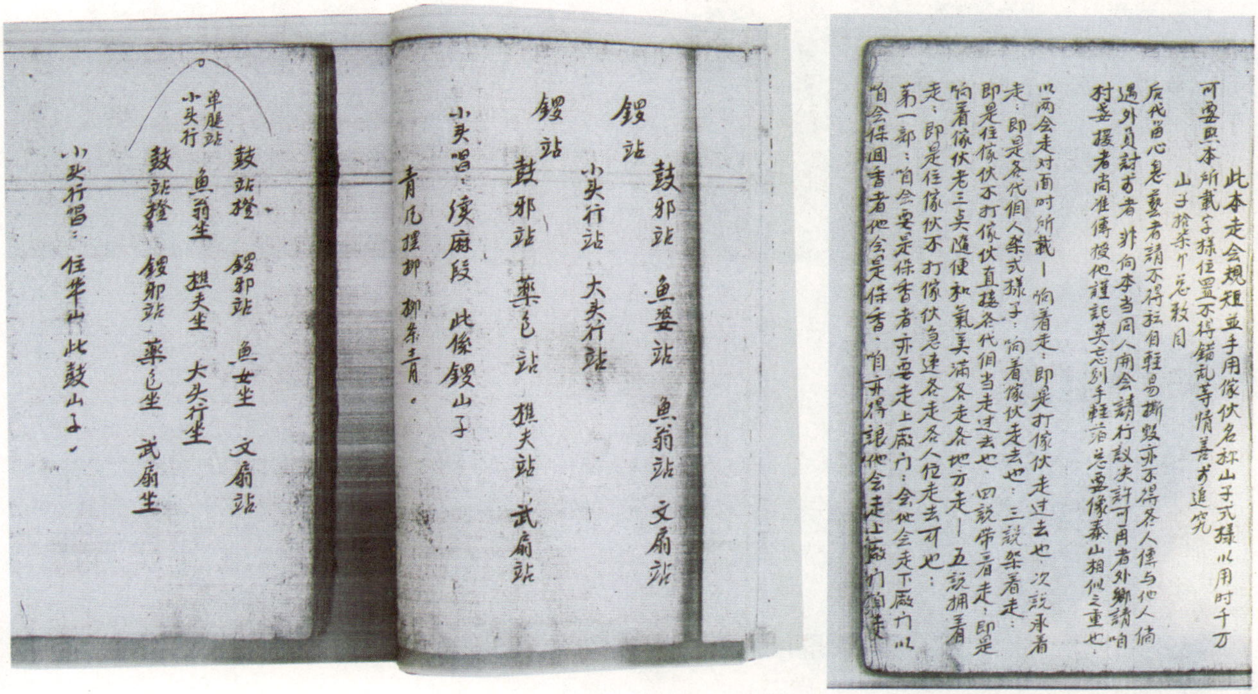
鑼站 鼓邪站 魚婆站 魚翁站 文扇站
小夬行站 大夬行站
鑼站 鼓邪站 藥包站 担夫站 武扇站
小夬唱：續麻段 此係鑼山子
青瓦提掛 柳條青。
鼓站撥 鑼邪站 魚女坐 文扇站
單腿站 小夬行 魚翁坐 担夫坐 大夬行坐
鼓站撥 鑼邪站 藥包坐 武扇坐
小夬行唱：住牛山 此鼓山子。

图10-15西赵各庄村民走会规矩摘要

考察点5：秸秆燃气站

秸秆燃气站在村委会后院。

（7）观察秸秆燃气装置及太阳能路灯，走访相关人员，了解清洁能源的推广对促进新农村建设所起的作用。

图10-16　秸秆燃气原料

图10-17　秸秆燃气储气罐

图10-18　秸秆燃气机组

图10-19　太阳能路灯

◎ 问题解析

（1）北石槽御杏园占地1000余亩，杏的品种多达60余种，年产鲜杏50万千克，年接待数万游人，已成为京郊远近闻名的生态观光园区，是西赵各庄村重要的经济支柱。御杏园所产的"铁吧哒牌"鲜杏是有机食品，营养丰富。

（2）西赵各庄村地处燕山南麓的山前冲积平原，气候温暖，降水适中，土质肥沃，透气性好，排水良好，是"铁吧哒"等优质品种杏的理想产地。

御杏园自然环境特点	地形	土壤	小气候
	燕山南麓的山前冲积平原	褐土和褐潮土	北部有燕山屏障，气候较附近地区温暖

（3）由于瑞尔动物庄园饲养羊驼、鸸鹋等许多世界各地的珍稀动物，对游人特别是儿童，有很强的吸引力，极大地增加了西赵各庄的知名度，促进了旅游业的发展。

（4）京密引水渠是从密云水库引水经怀柔水库到北京城区的重要水道。现在，从怀柔水库到北京城区有地下管道，是水源九厂的专用输水管道，为北京城市供水。京密引水渠沿线居民十分重视水源地的保护，特别是北石槽中学的师生，更是成立了护水队。

（5）农闲季节，西赵各庄村民有走会的传统。主要有文吵子、五虎棍、高跷、小车会等几档花会。其中，文吵子是该村独创的花会，是顺义区非物质文化遗产。

（6）花会表演主要是丰富群众的文化生活，促进村庄的精神文明建设。每年春节期间，村民表演队都到北石槽镇和县城社区进行表演。同时在御杏园开园等重大活动中表演，可起到烘托气氛的作用，增加旅游收入。

（7）西赵各庄村采用秸秆燃气装置，生产清洁能源，为村民做饭取暖提供了方便，减少了污染，减轻了劳动强度。太阳能路灯的安装，减少了碳排放，对节能减排具有促进作用。

◎ 村落周边推荐景点

银山塔林景区

走大广高速公路向北到北石槽出口，转怀昌路向西约4千米，在昌平区兴寿镇东侧路口向北行17千米即到。

银山塔林景区特点是，山美、树美、塔多。山美源于漫山遍野的松、柏、橡树。银山南麓有众多古塔林立于峡谷之间，最为壮观的是法华禅寺内的金代佛塔。银山得名于冬季“冰雪厚积，色白如银”；又因“麓有石崖，皆成黑色”被称为“铁壁银山”。1988年成为全国重点文物保护单位。

◎ 参考信息

景区信息

自驾车：沿大广高速公路向北到北石槽出口，转怀昌路向西3.5千米即到；或沿高下路向北，转怀昌路向西200米即到。

公共交通：乘坐942、870路公交车下西市站下车，西行200米可到。

旅行建议

去御杏园采摘最佳时间在4~6月。瑞尔动物庄园全年均可参观。看文吵子等民俗表演最好选在春节假期。

线路11：京东滑雪圣地莲花山

——良山村新农村特色产业考察

良山村考察示意图

◎ 村落简介

良山村位于顺义区张镇境内，距镇中心2千米，距北京市区约60千米。该村共有797户（其中非农户106户），2069人（其中非农业人口690人）。村域面积3.5平方千米，现有耕地面积2304亩。

自北京市首批推出新农村试点村以来，良山村以“建设生产发展、生活宽裕、乡风文明、村容整洁、管理民主的社会主义新农村”为发展目标。通过全村人民的共同努力，在各级政府的大力支持下，全村的经济、社会、文化、生态环境建设等各项事业都取得了长足的发展，2010年人均纯收入24000元。近年来，该村曾获得了首都文明村、环境综合整治达标村、顺义区社会治安综合治理先进村等荣誉称号。2010年，该村被评为“北京最美的乡村”。村党支部先后荣获顺义区五好党支部、先进党支部等光荣称号。

◎ 主要地理活动内容

乡村名称	考察点	内容编号	地理内容
顺义区 良山村	1. 莲花山滑雪场	1.1位置的特点 2.1地质、地貌	交通位置及地貌对滑雪场地选择的影响
	2. 北京市景泰蓝工艺有限公司	4.3非物质文化遗产	景泰蓝工艺特点及非物质文化遗产对旅游业的促进作用
	3. 良山	2.2植被、土壤	山地阴坡和阳坡植被特点
	4. 良山村	1.4聚落的影响因素	地形、交通对村落布局的影响

◎ 考察步骤

考察点1：莲花山滑雪场

走101国道，到枯柳树环岛向东转顺平路，约行30千米，在良山村东转向南行驶1千米即到。

（1）体验冰雪旅游的乐趣，观察莲花山滑雪场所在地的交通位置及地形地貌特点。

图11-1　莲花山滑雪场

图11-2　顺义区冰雪节

考察点2：北京市景泰蓝工艺有限公司

由莲花山滑雪场向西走约500米即到。

（2）参观景泰蓝厂展厅，了解景泰蓝产品的种类以及对旅游业发展的促进作用。

图11-3　景泰蓝展厅

图11-4　景泰蓝展品

（3）参观车间，了解景泰蓝制作工艺流程，体验非物质文化遗产的魅力。

图11-5　掐丝工序

图11-6　点蓝工序

图11-7　烧蓝工序

图11-8　磨光工序

考察点3：良山

由景泰蓝厂东门向北走200米，再转向西50米，即可到达登山小道路口。

（4）观察良山南坡（阳坡）和北坡（阴坡）植被的不同，试解释其原因。

图11-9　良山南坡植被

图11-10　良山北坡植被

考察点4：良山村

沿上山的小路原道下山返回即进入良山村内。

（5）观察良山村规模大小及布局特点，与平谷区玻璃台村（图片）对比，说明两个村庄规模大小与布局特点，分析影响聚落形成的因素。

图11-11　良山村鸟瞰

图11-12　平谷区玻璃台村鸟瞰

◎ 问题解析

（1）冰雪旅游是许多游客冬季休闲锻炼的首选项目，有无穷的乐趣。莲花山滑雪场紧邻顺平公路，距北京城仅60千米，交通十分便利。莲花山滑雪场坐落在良山村旁的丘陵上，既利用了闲置的坡岗地，又利用了丘陵缓坡的地形特点。莲花山滑雪场的建成，有力地促进了当地经济发展。

（2）景泰蓝又名“铜胎掐丝珐琅”，诞生于我国元末明初，是一种高级金属工艺器，属综合性艺术。景泰蓝是北京著名传统手工艺品，其制作技艺是国家级非物质文化遗产。

（3）第一道工序，制胎：

制胎是使用紫铜片按预先设计好的图纸下料，经锤打、裁剪出不同的材料或切割成不同的形状，并用铁锤敲打成所需要的各式各样的铜胎。

第二道工序，掐丝：

制作好铜胎后，接下来就是掐丝，制作的方法是用镊子将事先做好的柔软、薄而细的并具有韧性的紫铜丝，按照设计好的图案，用手掐、掰、弯、折叠，翻卷成花纹的工艺过程是十分复杂的，制成各种纹样，蘸上白芨焊在铜胎上。

第三道工序，点蓝：

经过掐丝工序后的胎体，再经烧焊、酸洗、平活、正丝等工序后，方可进入点蓝工序。点蓝是技师把事先备好的珐琅釉料，依照图案所标示的颜色，用由铜丝锤制成的小铲形工具，一铲一铲地将珐琅釉料填充入焊好的铜丝纹饰框架中。

第四道工序，烧蓝：

将整个胎体填满色釉后，再拿到炉温大约800摄氏度的炉中烘烧，色釉由砂粒状固体熔化为液体，待冷却后成为固着在胎体上的绚丽的色釉，此时色釉低于铜丝高度，所以得再填一次色釉，再经烧结，一般要连续四五次，直至将纹样内填到与掐丝纹相平。

第五道工序，磨光：

用粗砂石将釉面磨平，如釉面有凹下的坑洼之处再补填一次釉，经烧熔后用细石磨去火亮，然后用黄石磨，如有不平之处，仍要用釉料补上烧好，最后用炭磨，整体打磨细腻。

第六道工序，镀金：

镀金是景泰蓝生产工艺中最后一道主要工序，是为了防止产品的氧化，使产品更耐久、更美观，而在产品的表面镀上一层24K黄金。将产品挂入金液槽中通上电进行镀金，铜部及细丝采用传统的鎏金工艺镀金；反复几次至没有黑丝为止，完成后取出再用清水冲洗干净，然后用锯末蚀干，整套的景泰蓝生产工序便宣告完成，一件景泰蓝工艺品便也诞生。

（4）良山南坡（阳坡）和北坡（阴坡）植被明显不同。南坡植物矮小，以灌草丛为主，北坡植物繁茂，以乔木为主。热量、水分、土壤等是影响植物生长的主要因素，就良山的阴阳坡植被分布差异而言，水分条件是主要制约因素。山地的南坡（阳坡）日照强，水分容易蒸发，土壤含水量低，不能满足高大乔木生长，因此，南坡植物矮小稀少。北坡（阴坡）正好相反，水分条件好，有利于乔木生长，植物高大茂密。

（5）村落的规模和布局受交通、地形、经济发展、历史等因素的综合影响。良山村规模较大，布局较分散。玻璃台村规模较小，布局集中在河谷两侧的阶地上。产生这种现象的主要原因如下：良山村位于平原地区，可利用的建筑用地较多；玻璃台村地处山区，可利用的建筑用地少，而且集中在河谷两侧。

◎ 村落周边推荐景点

焦庄户地道战遗址

顺平路良山村北路口向西1千米，转向北，走赵太路约3千米到赵各庄，再转焦孙路向西向北约8千米即到。

北京焦庄户地道战遗址纪念馆位于顺义区东北部的龙湾屯镇，距北京东直门60千米，它地处燕山脚下、金鸡河边的焦庄户村。原地道是在抗日战争和解放战争时期修建的，目的是为了机动灵活地打击日本鬼子、汉奸、特务及国民党反动派，保卫解放区人民群众生命财产的安全。国产优秀故事片《地道战》的主要素材、人物原型及拍摄景地部分来源于此。新中国成立后，焦庄户地道战遗址作为重要的革命遗址，被列为北京市重点文物保护单位。近年来该遗址还被北京市人民政府确定为北京市青少年爱国主义教育基地，2008年被列入“北京市中小学生社会大课堂指南”。

◎ 参考信息

景区信息

自驾车：从东直门出发，走101国道，在枯柳树环岛转向东，走顺平公路，过杨镇后约8千米即到。

公共交通：乘918路公交车（慢车）良山村站下车即到。

旅行建议

到良山村旅游，若是参加冰雪项目，须在每年12月中旬至次年2月。初次学习滑雪应找专业教练辅导，注意安全。其他游览和观光不限时间。

线路12：龙狮舞动中国风

——于地村民俗与观光农业考察

于地村考察示意图

◎ 村落简介

于地村位于顺义区北务镇内，在木燕路东侧，距镇中心1.5千米，距北京市区约30千米。该村共有179户，520口人。村域总面积约1927亩，其中耕地面积为1427亩。村内植被覆盖率近50%。

2010年，全村居民总收入达1189万元。依托北务镇瓜菜种植的整体发展方向，该村大力发展民俗旅游。目前全村共有10户民俗接待户。据统计，全村共有瓜菜种植大棚500余个，种植户70余户，种植西瓜、菜椒、茄子、西红柿等瓜菜数十个品种。

2005年于地村获批“北京市乡村民俗旅游村”。该村龙狮舞表演活动具有特色，是北务镇龙狮舞的发祥地。龙狮舞艺术团曾远赴法国巴黎、俄罗斯莫斯科等地表演；2008年在北京天安门广场参加北京奥运会倒计时活动的表演。

◎ 主要地理活动内容

乡村名称	考察点	内容编号	地理内容
顺义区于地村	1. 村委会	4. 2地方文化特色	龙狮舞表演特色及对本村文化建设的促进作用
	2. 民俗旅游接待户	4. 1民俗、民宅、民风	吃农家饭、住农家屋，体验新农村美好生活
	3. 瓜菜种植基地	3. 2观光农业	观察瓜菜品种及新鲜度，调查观光农业对促进农民增收的作用
	4. 垂钓园	3. 2观光农业	了解养殖品种，体验垂钓乐趣

◎ 考察步骤

考察点1：村委会

由机场高速路转京平高速路，在珠宝屯东桥转木燕路向北600米，公路东侧即到。

（1）观察龙狮舞赴北京、巴黎等地演出图片，调查了解北务镇龙狮舞在全国乃至世界的影响力，说明该项民俗活动对于地村发展的促进作用。

图12-1　龙狮舞赴北京演出

图12-2　龙狮舞赴巴黎演出

（2）观看龙狮舞表演，了解于地村龙狮舞特点，体验龙狮舞表演乐趣。

图12-3　奥运五环造型

图12-4　神龙探海造型

图12-5　划龙舟造型

图12-6　于地村女子舞龙队

考察点2：民俗旅游接待户

村委会周边农户（其中10户为有营业执照的民俗接待户）。

（3）住农家院、品农家菜，体验新农村生活特色。

图12-7　农家院

图12-8　农家菜

考察点3：瓜菜种植基地

从考察点2出村向北200米即到，村子周边其他方向也有瓜菜基地。

（4）参观游览瓜菜种植基地，体验采摘乐趣，将自己的见闻和体会填在表12-1中。

表12-1　记录卡

日期、地点、天气	数一数瓜菜品种	品一品瓜菜清香	说一说采摘体会

图12-9　丰富的采摘品种

图12-10　游客采摘蔬菜

图12-11　下棋娱乐休闲

考察点4：垂钓园

从考察点3向西，沿木燕路向南500米路西即到。

（5）游览垂钓园，体验垂钓乐趣。

图12-12　垂钓园

图12-13　垂钓乐趣

◎ 问题解析

（1）北务龙狮舞艺术传播有限公司的前身是北务镇龙狮舞艺术团，于1994年成立，是在于地村龙狮舞骨干队伍基础上组建的。该表演队曾远赴法国巴黎、俄罗斯莫斯科等地演出，北京奥运会倒计时活动中在天安门广场演出，还经常参加全国各地演出，在全国乃至世界许多地区都具有很大影响力。该项民俗活动的开展，极大地提升了于地村的知名度，凝聚了民心，促进了该村社会经济的发展。

（2）北务龙狮舞具有典型的北方龙狮舞特点，动作刚劲有力，造型灵活多变，深受观众喜爱。北务镇龙狮舞队伍的骨干以女子为主，为龙狮舞增添了清秀之风。

（3）住于地村农家院，既有火炕，也有床铺。该村豆制品别具风味，农家菜是以豆腐宴和自然绿色蔬菜为特色。

（4）于地村是北务镇重要的瓜菜种植基地，现有适合观光采摘的瓜菜基地400余亩，精品果园150余亩。采摘品种包括各种蔬菜、鲜花、水果等。北务镇每年都举办“绿中名”采摘文化节，吸引众多游客来此观光休闲，极大地促进了当地经济发展。

（5）于地村有垂钓水面100亩，游客自己钓上来的新鲜鱼可就地加工食用，鲜香味道可想而知。

◎ 村落周边推荐景点

汉石桥湿地

从于地村出发，沿木燕路向北10千米即到。

北京市汉石桥湿地自然保护区于2005年正式建立，是北京平原地区唯一的市级湿地自然保护区。2008年被列入“北京市中小学生社会大课堂指南”。保护区位于京郊顺义区杨镇附近，西距顺义城区约13千米，西南距北京东直门约35千米。保护区分为核心区、缓冲区和实验区三部分。总面积1900公顷，其中，核心区面积163.5公顷，以芦苇沼泽湿地为主，享有“京东大芦荡”的美誉；缓冲区在核心区外围形成保护缓冲地带，面积约为30公顷；实验区指保护区边界以内缓冲区以外的区域。保护区记录到鸟类153种，其中国家二级以上保护鸟类19种，野生植物292种。

◎ 参考信息

景区信息

自驾车：从东直门出发，走机场高速路，转京平高速路，珠宝屯东桥下，转木燕路向北1千米即到。

于地村村委会联系电话：010-61422759

旅行建议

如果要看龙狮舞表演，最好在每年春节假期。观光采摘，每年5月~10月均可。

怀柔篇

线路13："龙""凤"脚下的红色基地

——庙上村水文、地质与地貌考察

庙上村考察示意图

◎ 村落简介

身居怀柔西部山区的庙上村隶属九渡河镇，距怀柔城区约45千米。该村村域面积约16平方千米，现有住户40余户，不足150口人。

庙上村不仅是抗日战争时期的老根据地，而且还是怀柔区第一个党支部的诞生地，素有"怀柔西柏坡"之称。1994年，该村被怀柔区委组织部、宣传部命名为革命传统教育基地，同年被区团委命名为青少年教育基地，2004年被区团委、教委命名为学生成人教育实践基地。

成村于清末，因村内有山神庙而得名的庙上村人杰地灵，旅游资源十分丰富。村南的鳞龙山，村北的凤凰坨（亦称凤坨梁），海拔均在1千米以上。山上植物种类丰富，山地垂直自然带变化明显。最具特色的是该村的饮用水源——位于村北的承压泉水，该泉常年流量稳定。因所处地势较高，不用任何动力，就可为全村提供不间断供水。走进幽静、古朴的庙上村，一幅幅原生态的画卷会随着游人的脚步慢慢展开。

◎ 主要地理活动内容

乡村名称	考察点	内容编号	地理内容
怀柔区 庙上村	1. 村口泉水出露处	2. 1地质、地貌	承压水；火成岩与沉积岩差异风化
	2. “寿字天成”	2. 1地质、地貌	花岗岩地貌
	3. 天沟三叠洞	2. 1地质、地貌	花岗岩地貌
	4. 怀柔第一党支部纪念馆	4. 9革命史	人文地理
	5. 村北饮用水源地	2. 3气候水文 2. 2植被、土壤	承压水，植物地理

◎ 考察步骤

考察点1：村口泉水出露处

考察点位于庙上村入口最窄处的公路西侧。泉水出露处原来在公路东侧的陡崖下，后因修建公路，为了便于泉水排入公路西侧的河道，施工时在公路下面预留了通道。因此，此地虽有两个出水口，但实为一泉。

（1）观察泉水露头处东西两侧的岩石，根据其岩石特点完成表13-1。

表13-1 泉水露头两侧的岩石

岩性特征	东侧	西侧
颜色		
是否成层		
是否有晶斑		
所属岩石类型		
岩石名称		

图13-1　东侧岩石

图13-2　西侧岩石

（2）观察泉水出露处并走访村民，完成表13-2。

表13-2 泉水特点

	泉水特征
流量季节变化	
冬季是否结冰	
是否有喷涌现象	
泉水成因分析	

考察点2：“寿字天成”

由考察点1跨过西侧小河，沿山间小路西行约500米，在小路的北侧，有一高耸的陡崖，崖高约80米，坡度约75°~80° 。陡崖下宽上窄，崖壁上岩石节理纵横交织，构成了一幅天然的“寿”字图。

（3）想一想，你能说说“寿字天成”的形成与其构成岩石之间存在的关系吗?

（4）在外力的作用下，你能预测一下“寿字天成”景观的未来变化吗?

图13-3　“寿字天成”

考察点3：天沟“三叠洞”

图13-4　三叠洞洞口

由考察点2沿左侧山脚小路西行约1千米，在小路北侧有一高约2米的陡坎，其上有一小平台，平台北侧便是由三块巨石堆叠而成的石洞——三叠洞。该洞洞口高度约4米，宽约3米，洞内纵深约15米，洞顶最大高度约8米。

（5）根据构成“三叠洞”岩石的特性，分析“三叠洞”的形成原因？

考察点4：怀柔第一党支部纪念馆

回到考察点1，沿进村公路前行约1千米，即到怀柔第一党支部纪念馆。

图13-5　怀柔第一党支部纪念馆

图13-6　怀柔第一党支部纪念馆展室

（6）通过参观、采访，结合本村所处地理位置特点，分析怀柔第一党支部建立于此的地理因素？

考察点5：村北饮用水源地

从考察点4沿村中主干道前行约1千米，至该村西北水泥路尽头，再沿向西的土路前行约100米，可见一个20米见方的平台，中部有一露出地面约0.4米的水泥封闭罐体，即为该村饮用水源地。

图13-7　饮用水源地

图13-8　水源内视

（7）走访村民，了解该村水源地利用的历史变迁，评估其利用前景？

（8）观察水源地南侧杨树林的分布及生长情况，分析杨树在此成林并生长茂盛的原因？

图13-9　水源地南侧杨树林

◎ 问题解析

（1）泉水露头两侧的岩石观察结果：

岩性特征	东侧	西侧
颜色	灰色	肉红色
是否成层	有明显层理	无
是否有晶斑	无	有
所属岩石类型	沉积岩	岩浆岩
岩石名称	石灰岩	花岗岩

在此处观察两侧岩石差异，有助于判断地下水埋藏条件，从而准确判断地下水埋藏类型。

（2）根据埋藏条件，地下水可划分为潜水和承压水（图13-10）。潜水具自由表面，潜水层的水质、厚度、埋藏深度受自然地理环境的影响，易开发，但也易受污染；承压水是充满于上、下两个稳定隔水层之间的含水层中的饱和水,具有分布面积大、水量丰富、动态较稳定、不易被污染等优点。考察点1和考察点5均为承压水，但因其所处位置地质构造差异的存在：考察点1处于承压区末端位置较低的河谷处，又是两种岩石交界的破碎带，故水流较小，且无喷涌现象；考察点5处于承压区的中上部，埋藏较深，又受到花岗岩侵入体的阻挡，故流量较大，且有喷涌现象。

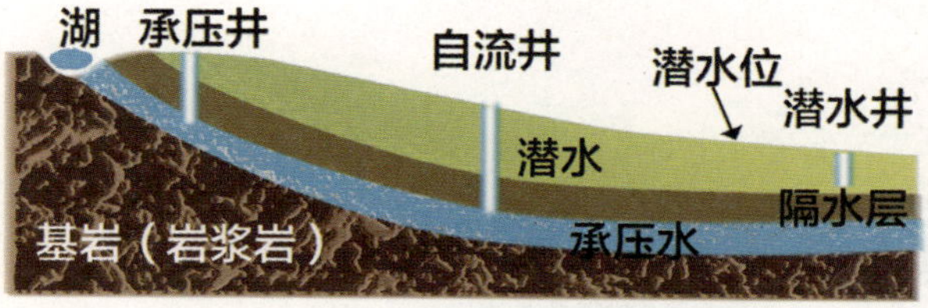

图13-10　地下水示意图

泉水特点的归纳：

	泉水特征
流量季节变化	稳定，季节变化小
冬季是否结冰	不结冰
是否有喷涌现象	无喷涌现象
泉水成因分析	承压水

（3）当花岗岩出露地表并处于强烈上升时，流水沿垂直节理裂隙下切，形成石柱或孤峰等花岗岩地貌景观。“寿字天成”便是在此情形下形成的花岗岩孤峰地貌。

（4）随着时间的推移，垂直切割不断加剧，孤峰会在外力的作用下发生崩塌，进而演变成像考察点3三叠洞那样的垒砌地貌景观。

（5）由于花岗岩发育有近乎垂直的三组节理，在流水、温度等外力作用下，极易受到侵蚀，进而形成块状垒砌地貌。这种垒砌形态很不稳定，随着侵蚀的不断加剧，垒砌的岩块会发生崩塌，形成花岗岩崩塌堆积地貌。三叠洞便是由崩塌岩块相互架空堆积形成的崩塌堆积洞。

（6）该村位于怀柔深山区，交通不便，又是昌平、延庆、怀柔三个行政区的交界处，日伪控制力相对较弱，第一党支部建立于此，正是出于对安全和便于开展敌后活动这两个方面考虑。

（7）庙上村北倚凤坨梁，地处怀九河东支源头，地下水资源十分丰富，且埋藏很浅。二十世纪70年代以前，全村的居民用水全部来自于庭院及周边的地下水，现在的水源地，当时还只是一片泉水四溢的湿地，一直到70年代中期人们才开始对其进行简易的修整，用低矮的水泥护栏围起，80年代初全村统一规划，开始铺设简易地下管道，将泉水引入各家各户。因其地势位于全村最高处，泉水可以沿管道向下自由流淌，顺利进入到每户村民家中，由此庙上村进入了一个全天候、无动力“自来水”时代。但此时水源地还是简单的围栏式，并没有全封闭，枯枝落叶、灰尘杂物随意飘落其中，使水质受到一定的影响。2010年怀柔区政府出资，对该水源地进行了全面的改造，用水泥罐体将泉水进行了全封闭，同时又对全村的输水管道进行了更新换代，使全村居民用上了更洁净的优质自来水。

（8）水源地附近虽然地势较高，但因地下水丰富，杨树在此蓊郁成林，长势可与村东河谷处的杨树林媲美。

◎ 村落周边推荐景点

鳞龙山自然风景区

该景区位于庙上村南约3千米，西南与昌平交界，西北与延庆相接。其主体鳞龙山为一独立的花岗岩侵入体，最高峰海拔1307米，山间奇峰高耸、怪石嶙峋、险崖壁立、峡谷清幽、瀑布跌宕、溪流泉涌，花岗岩地貌一应俱全，既是旅游者的乐园，更是地理爱好者的天堂。

◎ 参考信息

景区信息

自驾车：北京—京承高速—怀柔宽沟出口左转—怀长路—庙上村。

怀柔—石厂环岛—怀长路—庙上村。

公交线路：东直门：乘916路公交车到怀柔汽车站，换乘862路外环线到于家园车站，然后换乘去庙上方向的936路支线公交车即可，东直门发车首末车时间6：00—20：00，去庙上村的936路支线公交车每天只有一班，每天下午14：00从于家园车站发车，第二天早晨6：20由庙上村返回。

旅行建议

自驾一日即可，公交两日为宜。村中农家乐众多，餐饮住宿十分方便。

线路14：京郊板栗第一村
——六渡河村农业、旅游考察

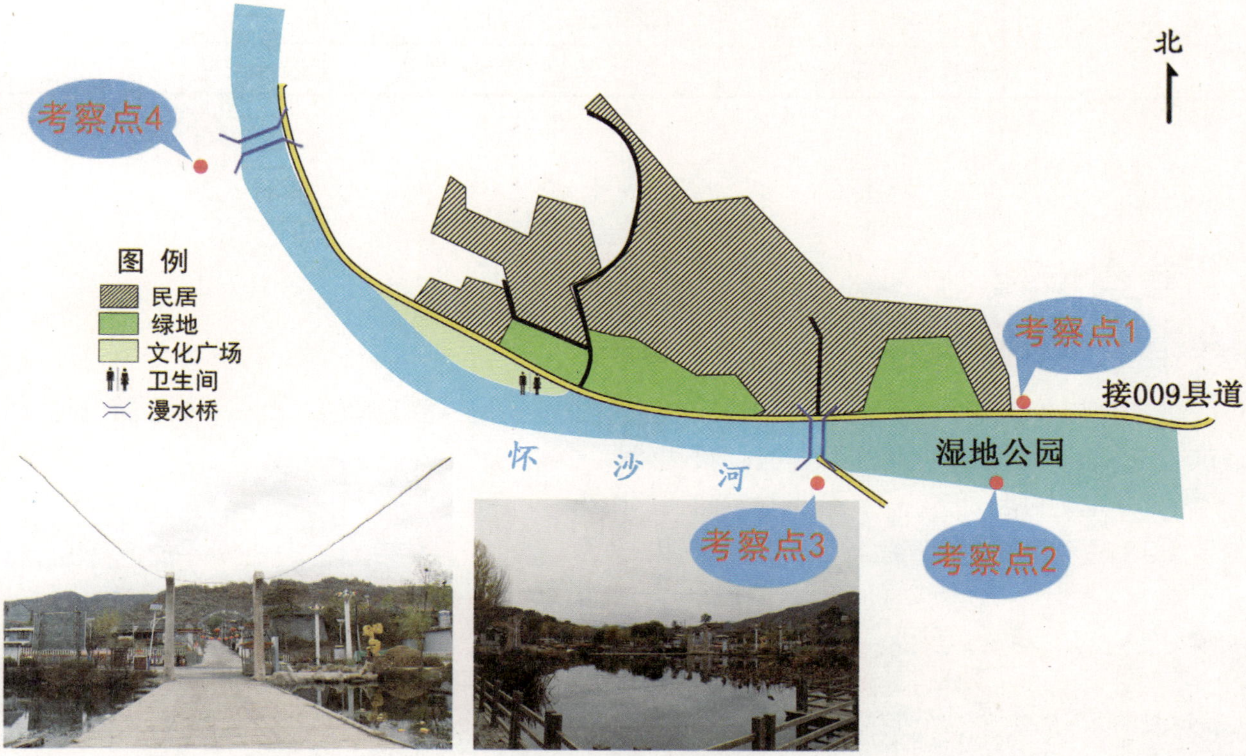

六渡河村考察示意图

◎ 村落简介

六渡河村隶属于怀柔区渤海镇，西北距怀柔城区13千米，村域面积约4.78平方千米，全村共有196户，553口人。

六渡河村位于怀沙河中游，依山傍水，生态环境优美。林果业和民俗旅游业是该村主要经济支柱。全村有6000多亩山场，4000多亩板栗树，平均年产板栗50万斤，2007年被怀柔区旅游局誉为“京郊板栗第一村”。2009年该村被评为“北京最美的乡村”。

◎ 主要地理活动内容

乡村名称	考察点	内容编号	地理内容
怀柔区 六渡河村	1. 村口牌楼处	1. 3村名的来源	村名由来
	2. 村南湿地公园	2. 9资源的开发利用	旅游设施建设
	3. 村南观景亭	2. 1地质、地貌 2. 2植被、土壤 1. 4聚落的影响因素	土壤、聚落、岩石类型
	4. 愉然原始部落游乐园	2. 8环境保护与村落发展	旅游点的兴衰

◎ 考察步骤

考察点1：村口牌楼处

该考察点位于六渡河村东侧入口处。该处建有一座别具特色的牌楼，上书“板栗第一村六渡河欢迎您”，旁边是跨越怀沙河通向村南的小桥。

（1）走访村民，了解“六渡河村”村名的由来。

（2）思考该村村名产生与当时交通条件的关系。

图14-1　村口牌楼

图14-2　村口小桥

考察点2：村南湿地公园

由考察点1向南沿人行步道游览依河道而建的湿地公园。

图14-3　人行步道

图14-4　凉亭

（3）观察人行步道设计特点，思考并完成表14-1。

表14-1 人行步道特点及作用

人行步道设计特点	主要作用
选用木质材料建造	
蜿蜒曲折、形似回廊	
架空设计，距水面约有半米左右的距离	
步道中间设有凉亭	

（4）观察思考：步道和水面间距离的设计与河流流量有何关系？

考察点3：村南观景亭

由考察点2沿小桥向南至对岸，前行约100米，有一小山丘，山上有一凉亭，此处可俯视村落全貌。

图14-5　六渡河村全貌

图14-6　花岗岩的球状风化

（5）观察整个村落分布与村南河流和村北山丘间的位置关系，从居住安全角度出发，分析村民如此选择居住地的原因。

（6）观察凉亭周围和村北山坡上岩石特征，初步判定岩石类型是否一致，是什么类型？

（7）走访村民，了解该村盛产优质板栗与土壤母质间的关系？

考察点4：愉然原始部落游乐园

从考察点3返回，沿村中主干道西行约500米，经过一座漫水桥后左转，前行约50米即到。

图14-7　景区大门

图14-8　景区入口

（8）走访愉然原始部落游乐园留守工作人员，了解该园兴衰的大致过程，将下列描述性选项填入表14-2的空白处。

发展阶段：A.成立到鼎盛阶段；B.转制经营阶段；C.承包租赁阶段

经营状态：A.良好；B.衰落到停业；C.规划重建

表14-2　愉然原始部落游乐园的发展历程

发展阶段	时间段	经营状况
	1994—1997年	
	1998—2006年	
	2008年以来	

◎ 问题解析

（1）六渡河的名字来源于怀沙河。六渡河的“渡”作为动词，即是第六次渡过怀沙河。据说六渡河村民祖先当时带着孩子从口头村（位于六渡河东南怀沙河出山口处）到六渡河村要六次穿越怀沙河，即官渡河、二渡河、三渡河、四渡河、五渡河、村前一道河共六道河，被称为“六道河村”，因雨季河水暴涨，难以过河，含有“渡河”的意思，后渐渐演变为六渡河村。

（2）由村名含义可知，当时怀沙河上缺乏供行人通行的桥梁，又没有能力修建穿山绕行的道路，人们只好冒险渡河，因此可以推断出当时的交通条件十分落后。

（3）见表14-1 人行步道特点及作用

人行步道设计特点	主要作用
选用木质材料建造	轻便、环保
蜿蜒曲折、形似回廊	增加游览的时间，利于游人深入湿地内部，与湿地景观亲密接触
架空设计（距水面约有半米左右的距离）	避开水面，安全，不破坏湿地环境，拉近游人与湿地的距离
	使游人能够更好地体验回归自然的感觉
步道中间设有凉亭	可驻足小憩，亦可凭栏而望，既很人性化，又是一处别样景观

（4）步道与水面之间距离较小，说明即使是在雨季，河流的水位上涨也不大。

（5）河流北岸与南岸相比相对要开阔，且向北地势逐渐增高，可有效抵御洪水的威胁，保障村民的居住安全。

（6）两处岩石的岩性一致。均为花岗岩。

（7）花岗岩风化后形成的土壤呈微酸性，这样的土质恰好利于板栗的生长，且品质极佳。

（8）见表14-2

发展阶段	时间段	经营状况
成立到鼎盛阶段	1994—1997年	良好
转制经营阶段	1998—2006年	衰落到停业
承包租赁阶段	2008年以来	规划重建

◎ 村落周边推荐景点

圣泉山旅游景区

该景区位于六渡河村东南6千米处，属国家AA级旅游风景区。景区山因泉名，寺以泉名，进入景区，除了可以欣赏到优美的自然景色,感受浓厚的佛教氛围，更是地理爱好者探寻山、水、人居关系的理想场所。

慕田峪长城景区

该景区位于六渡河村西北约6千米处，属国家AAAA级风景区，是万里长城的精华所在。到慕田峪长城游览，除了了解其独特的构筑风格，也是一个了解长城变迁、乡村聚落形态、地质灾害、植被分布等地理知识的合适选择。

◎ 参考信息

景区信息

自驾车：北京城区—京承高速—怀柔出口—怀柔城区—青春路北环岛左转—圣泉山—三渡河左转—六渡河村。

公交线路：在东直门乘916路公交车至怀柔北大街，换乘区内公交。经过该村的公交线路为：怀柔至铁矿峪；怀柔至庄户；怀柔到洞台。

旅行建议

村中农家乐众多，餐饮住宿十分方便。现在进入愉然原始部落游乐园，因正在停业期间，需与管理人员沟通。

线路15：潜龙在渊之戏水长城

——西水峪村水利设施及旅游资源考察

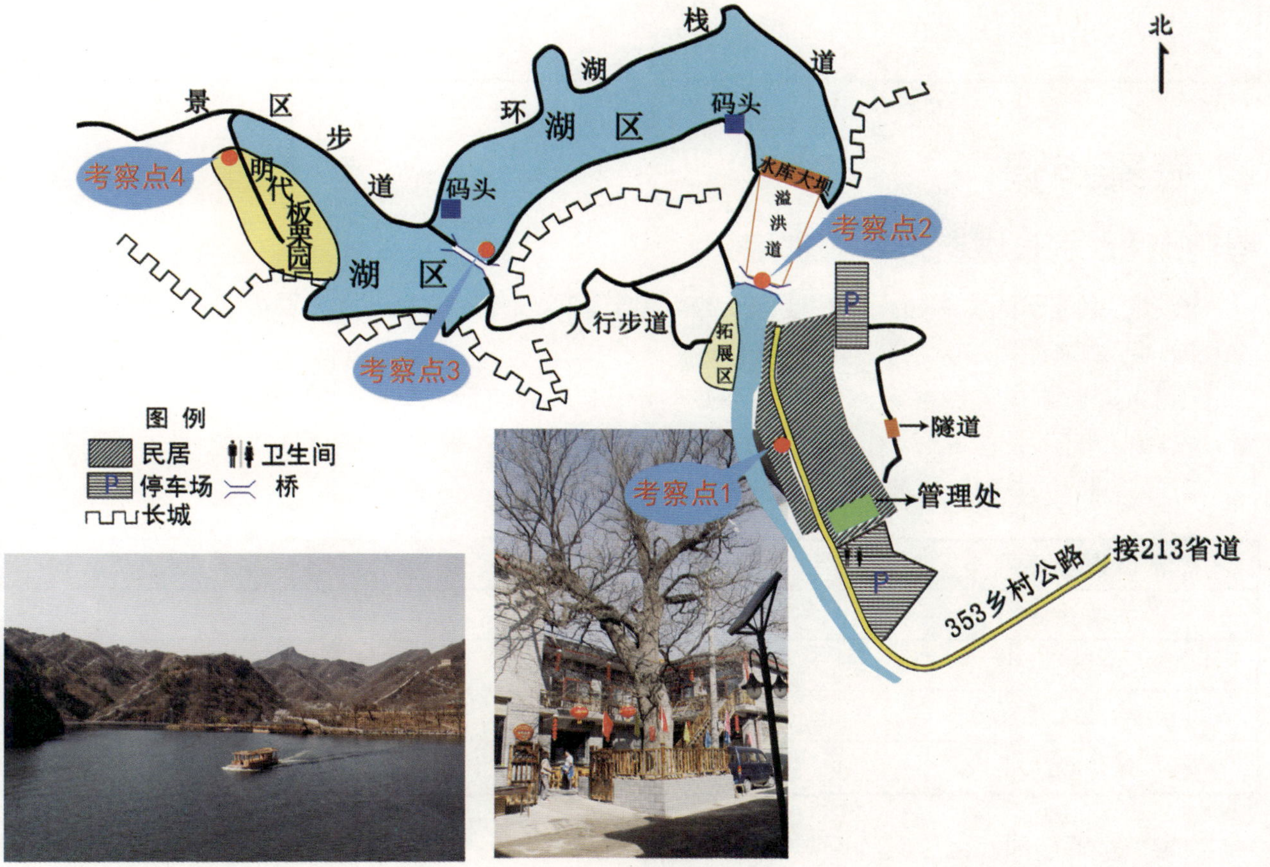

西水峪村考察示意图

◎ 村落简介

西水峪村隶属于怀柔区九渡河镇，距怀柔城区约40千米。这里山清水秀，环境幽雅，不仅有青山环绕、碧波荡漾的人工湖泊——灏明湖（始称小西湖），还有蜿蜒于山峰，跃入湖底的长城奇观，以及京郊独一无二的百亩明代古栗园。

据史料记载，该村是修建明长城时逐渐形成的自然村落。现在全村共88户，143口人。依托得天独厚的旅游资源，该村民俗旅游接待户超过半数，民俗旅游收入超过全村经济收入的80%，旅游业已成为该村的支柱产业。

◎ 主要地理活动内容

乡村名称	考察点	内容编号	地理内容
怀柔区西水峪村	1. 水长城老方家农家院	5.2因地制宜发展经济	民俗旅游经济
	2. 水库大坝	2.5水利设施	水利设施选址
	3. 半岛南端	2.9资源的开发利用	旅游资源开发，水长城形成
	4. 明代板栗园	2.2植被、土壤 2.3气候、水文	古板栗园形成 警示标牌与河流关系

◎ 考察步骤

考察点1：水长城老方家农家院

该考察点位于西水峪村入口牌楼向北约100米路西。此处农家院为二层小楼，位于村落的中心地带，是本村规模较大的民俗旅游接待户。

（1）通过走访该户主人，了解村民在开展民俗旅游前后生产方式和经济收入的变化，完成表15-1。

表15-1　民俗旅游情况调查

调查内容	开展民俗旅游前	开展民俗旅游后
主要生产方式		
作息规律		
从业人员构成		
经济收入变化		

（2）了解该村民俗旅游的季节变化特点及产生的原因。

图15-1　村口牌楼

图15-2　老方家农家院

考察点2：水库大坝

由考察点1向北经水长城景区大门沿人行步道前行约300米至水库大坝。

（3）观察并描述水库大坝所处的地形特点，分析坝址选在此处的有利条件。

（4）由水库大坝俯视整个村落，观察河流与村落间的位置关系，分析大坝建成后对村落扩展产生的影响。

（5）观察并找出水库大坝与经过此处长城之间的位置关系，分析二者均在此选址的原因。

图15-3　水库大坝

图15-4　西水峪村全貌

考察点3：半岛南端

由考察点2沿右侧盘山栈道前行约1.5千米即到半岛南端，此处是三面环水的半岛，西侧和南侧可看到两处水下长城。

图15-5　半岛西侧水下长城

图15-6　半岛南侧水下长城

（6）观察两处水下长城所处的地形部位，分析水下长城形成的原因。

考察点4：明代板栗园

从考察点3向西北沿水边前行约300米，经过一座小桥折向南，前行30米进入明代板栗园。

图15-7　明代板栗园全貌

图15-8　明代古板栗树

（7）观察明代板栗园所处区域的岩石类型和地形部位，从自然条件方面，分析其形成和保存至今的原因。

（8）观察明代板栗园入口处提示牌，读一读提示牌的内容，看一看提示牌所指区域的地形特点，说出提示的原因和依据。

图15-9　景区提示牌

图15-10　提示牌所处位置

◎ 问题解析

（1）参见表15-1

调查内容	开展民俗旅游前	开展民俗旅游后
主要生产方式	种植业、林果业为主	与旅游业为依托的餐饮、住宿等服务业
作息规律	日出而作，日落而息	依旅游者活动规律而定
从业人员构成	家庭成员	家庭成员和招聘务工人员
经济收入变化	低	增长迅速

（2）受本地旅游资源季节变化的影响，每年三月下旬至十月下旬的游客较多，为旅游的旺季，其余时间因游客数量急剧减少，为旅游的淡季。

（3）大坝选址在此段山谷的最狭窄处，两岸陡峭，基岩裸露，既有建坝所需的稳定的地质条件，又可最大限度地减少工程量。

（4）村落位于河流西岸，与河流间落差不大。大坝修建前，受洪水的影响，居民建房离河岸较远；大坝建成后，洪水得到控制，因此村落建筑也逐渐向河流近岸扩展。

（5）景区第一处水下长城与水库大坝坝址几乎重叠，选址依据基本相同，只是水下长城的选址略靠南侧，且是沿着山脊自然向下延伸的方向修建，这主要是从降低工程难度（受当时工程技术条件的限制）和保持长城防御体系的完整性（陡崖处无法修建）两个方面考虑的结果。

（6）两处水下长城均位于山谷底部，地势较低。因修建水库，导致水位上升，致使将谷底长城段淹没于水下，形成了水下长城景观。

（7）明代板栗园所处区域的岩石为肉红色花岗岩，所处地形部位为河流二级阶地。自然因素：水源丰富；土壤为花岗岩风化后的微酸性土壤，适合板栗生长；地势较高，且平坦开阔，不易遭受洪水侵蚀。

（8）提示牌内容为“紧急疏散区”，指示区域为古板栗园，此处平坦开阔且地势较高。从河流与该区域位置关系看，此提示语主要用于防范夏季河流洪水带来的威胁。

◎ 村落周边推荐景点

黄花城长城景区

该景区位于西水峪以东约2千米处，是一开放式旅游风景区。除长城外，景区内还有黄花城水库、明“金汤”石刻等景观。到此旅游三季有花、四季有景，绚丽多姿的植被景观，让人有种回归大自然的感觉。

◎ 参考信息

景区信息

自驾车：路线1：走京承高速—京承高速至13号出口“北台路”出高速，见第三个红绿灯左转西行，向九渡河方向行驶，沿途根据景区路标提示即可到达。

路线2：走立汤路—立水桥至大柳树环岛，经兴寿、下庄往九渡河方向行驶。到九渡河加油站左转向北，根据景区道路指示牌即可到达景区。

路线3：走京顺路—京顺路至怀柔庙城，向西到石厂环岛，根据景区道路指示牌即可到达景区。

公共交通： 路线1：从东直门乘916路公交车到怀柔“南华园三区”站，西行50米（过红绿灯），换乘“怀柔—水长城(西水峪)”公交车，终点即到。

路线2：从昌平长途汽车站或昌平长陵路口乘“昌平—九渡河专线”至九渡河加油站下车，转乘“怀柔—水长城(西水峪)”公交车，终点即到。

门票：成人34元，学生17元。

旅行建议

村中农家乐较多，餐饮住宿十分方便。餐饮：200~500元的包桌；住宿：10~20元/人；80~100元（标准间）。

线路16：京北雨极的涅槃
——椴树岭村气候、地质灾害与聚落考察

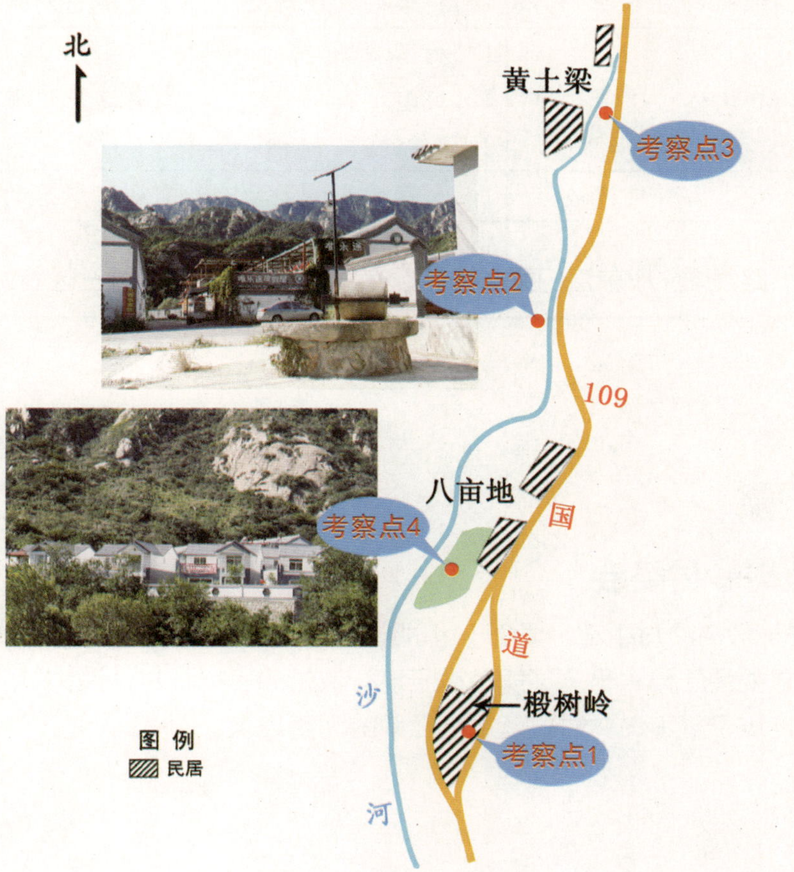

椴树岭村考察示意图

◎ 村落简介

椴树岭村是怀柔区怀北镇最北端的一个山区行政村，距怀柔城区21.6千米。全村由9个自然村组成，南北长12千米，所辖面积52.13平方千米，是怀柔区面积最大的山区村。

椴树岭村地处沙河谷地，东、西、北三面环山，北部是怀柔中部山地的最高处，南部出山口位于北京平原的北端。受地形影响，该村所在区域为北京市北部的多雨中心，由八亩地、枣树林、西台子三个自然村构成的三角地带恰好位于迎风坡的山脚之下，是降水最为集中的区域。村落周围花岗岩广泛分布，奇峰耸立，沟谷幽深，溪水潺潺。幽谷神潭、紫云山、天池峡谷、百泉山、石门山等旅游景点星罗其间，自然旅游资源十分丰富。

借助得天独厚的自然条件，全村273户中约有一半为民俗旅游户，被誉为“京北民俗旅游第一村”。

◎ 主要地理活动内容

乡村名称	考察点	内容编号	地理内容
怀柔区 椴树岭村	1. 椴树岭村委会	1. 2村落的发展历史	枣树林村消失的原因
	2. 枣树林村原址	1. 5村落规划 2. 1地质地貌 2. 3气候水文	聚落选址、泥石流、地形雨
	3. 黄土梁村口牌楼	1. 4聚落的影响因素	交通对聚落的影响
	4. 八亩地村新址	1. 5村落规划 2. 7防灾、减灾	聚落选址

◎ 考察步骤

考察点1：椴树岭村委会

该考察点位于椴树岭村中部，紧邻111国道，是椴树岭行政村的行政中心。

（1）走访村委会工作人员，了解隶属于该行政村的枣树林村“消失”的时间和原因。

（2）通过走访了解枣树林村村落原址目前的利用现状。

图16-1　椴树岭村委会

图16-2　椴树岭街心广场

考察点2：枣树林村原址

由考察点1沿111国道向北前行约700米到八亩地村北，转向西侧乡村公路，下坡前行约100米，经过一座漫水桥，然后沿向北的土路前行约300米见一堆放石料的开阔地即到达枣树林村原址。

（3）观察并描述枣树林村周围的地形特点，分析该村所在区域多雨的原因？

（4）观察枣树林村与周围山谷及河流间的位置关系，想一想该村易遭受哪些自然灾害，分析这些自然灾害形成的主要原因。

图16-3　枣树林村原址

考察点3：黄土梁村口牌楼

从考察点2返回111国道，沿国道向北前行约700米即到。

图16-4　八亩地

图16-5　黄土梁

（5）沿途观察八亩地和黄土梁两个自然村的民居，与经过的椴树岭自然村作对比，完成表16-1。

表16-1　不同自然村民居和村容村貌的比较

对比内容 \ 村落名称	八亩地和黄土梁	椴树岭
民居整齐程度		
民居新旧程度		
村落整体外观评价		

（6）通过观察和走访村民，了解不同自然村民居及村容村貌差异形成的原因。

考察点4：八亩地村新址

由考察点3沿原路返回八亩地村，自东向西穿村而过，出村见一开阔地即到，此处是该村规划建设的新村址。

（7）观察新村址的地势特点及与河流的关系，你能从聚落安全角度分析一下该自然村选址的条件吗？

图16-6　由新址上看八亩地全貌

图16-7　八亩地村新址

◎ 问题解析

（1）枣树林村原来是椴树岭行政村下辖的自然村。1969年8月10日因暴雨引发泥石流，导致整个村庄冲毁，从此枣树林村不复存在。

（2）1969年8月10日因暴雨引发的泥石流造成枣树林村9人死亡，绝大部分房屋被损毁，该村原址已不适合居住。从安全角度考虑，该村整体迁往相邻约0.5千米的八亩地村。现在该村原址已经变成石料场。

（3）枣树林村原址北、东、西三面环山，且山体高度均在1000到1500米左右，是怀柔区中部山地的最高处，南面是朝向山外平原的谷地。夏季来自南部的暖湿气流在此处受山地阻挡，被迫抬升形成地形雨，因而使该地成为北京市的一个多雨中心。

（4）易发生洪水和泥石流。枣树林村原址地处沙河谷地底部的一级阶地之上，东侧与沙河仅一步之遥，高差仅有1米左右，河水水量稍大，便可漫入村中。西部是一条被当地村民叫做西沟的U型山谷，谷地很长，两侧山地坡度较小，易于风化物的积累，加之当地基岩以花岗岩为主，风化物量大，为泥石流的发生提供了有利的条件。上述因素与当地为多雨中心这一因素相叠加，使得此地极易发生洪水和泥石流。而该村原址恰恰位于西沟水流与沙河交汇处，易发生洪水或泥石流灾害。

（5）见表16-1

对比内容 \ 村落名称	八亩地和黄土梁	椴树岭
民居整齐程度	很整齐	一般
民居新旧程度	全部是新房	新旧混杂
村落整体外观评价	美观漂亮	略显陈旧

（6）主要受111国道改造的影响。改造后的111国道在经过椴树岭村时是从村子的两侧穿过，居民搬迁较少，旧的民居有大量保留；在八亩地和黄土梁村，111国道则是穿村而过，因而进行了整村的搬迁、重建。

（7）该新址紧邻八亩地村，地势较高，地形平坦、开阔。河流位于西侧山脚，离此约有50米左右的距离 ，且河岸与新址间高差在2米左右。河流西岸为基岩山体，坡度较大，风化物堆积较少，不易发生大规模崩塌和泥石流。

◎ 村落周边推荐景点

幽谷神潭自然风景区

位于椴树岭村以北约2千米，与黄土梁村仅一路之隔的云蒙山南麓，景区总面积约6平方千米。景区因山体上部的巨型石潭而得名。谷中百泉汇流，溪流纵横，各类花岗岩地貌景观俯拾皆是，是休闲、旅游和户外地理考察的极佳去处。

百泉山自然风景区

位于椴树岭村以南约2千米。景区以其特殊的地理环境、雄奇的山体结构、丰富的植被及泉水资源，构成了得天独厚的自然景观。山秀、峰奇、水美、谷绝（猕猴桃谷）构成了该景区四大突出特色。

天池峡谷自然风景区

位于黄土梁村东，紧邻幽谷神潭。景区内林木繁茂、鸟语花香、奇峰林立、怪石迭出，景色秀美。山中1千多平方米的“天池”水面清澈明净，水中倒映岸边的百丈悬崖绝壁，景色之奇妙独特令人赞绝。闻涛谷、情人谷，树木遮天蔽日，在谷边漫游，使人心旷神怡，享尽回归大自然的美好感受。特色景点有“八戒背娇娘”、“莲藕双生”、“福从天降”、“神驼峰”、“双狮会”等。

◎ 参考信息

景区信息

自驾车：东直门—京密公路—怀柔迎宾环岛—怀柔城区—111国道直达。

公交线路：乘车由东直门乘916路公交车至怀柔汽车站，换乘862路外环线至于家园，再换乘936路怀柔至汤河口的936路公交车即可到达。

旅行建议

村中农家乐较多，餐饮住宿十分方便。

密云篇

线路17：边塞风情的生态旅游村

——番字牌村石刻与生态考察

番字牌村考察示意图

◎ 村落简介

番字牌村位于冯家峪镇西北部，距密云县城70千米。全村村域面积7.31平方千米，共有175户，445口人。

番字牌村的村名得于该村北山脚下的梵字石刻，古称梵字牌，后演变为今名。番字牌村群山环绕、岩石突兀、岩壁陡峭，森林覆盖率在85%以上。在这片原始次生林中，树龄达三四百年的古树比比皆是，番字牌村几乎成了山地丛林环抱之下的“天然氧吧”。“番字天书”、“长仙洞”、“将军石”、“野马川”、“棋盘石沟”……每一个名字都被当地淳朴憨厚的村民所津津乐道，因为每个景点在经历了数百年岁月沧桑之后，仍然景色迷人，令人向往。

近年来，番字牌村在加大基础设施建设的同时，兴建了番字石刻旅游接待站，发展民俗旅游，提高村民收入。2006年，该村被评为市级文明生态村。2007年获“北京最美的乡村”提名。

◎ 主要地理活动内容

乡村名称	考察点	内容编号	地理内容
密云县番字牌村	1. 停车场内杨延昭雕像	1.1地理位置的特点	地理位置
	2. 石刻东侧小桥	2.8 环境保护与村落发展 2.4小流域治理	生态保护、可持续发展
	3. 番字石刻（公路北侧）	2.1地质、地貌 4.10遗址、遗迹	地质、地貌、文物保护
	4. 番字牌村内	2.2植被、土壤 2.8环境保护与村落发展	聚落的形成条件、环境保护
	5. 村西南的山坡上	3.1农业生产 5.2因地制宜地发展经济	农业物产；经济发展

◎ 考察步骤

考察点1：停车场内杨延昭雕像

在停车场下车，行至杨延昭雕像前。

（1）思考番字牌村所在的位置是在长城以内，还是长城以外。

（2）在杨延昭雕像处观察，说出番字牌村的地形特点。

图17-1　停车场内杨延昭雕像

图17-2小桥周边的风景

考察点2：石刻东侧小桥

走出停车场，穿过“梵字千古”牌楼，过桥右转可见一铁栏杆的小桥，前行10米左右到达小桥。

（3）用3~4个词描述一下你眼前所看到的景观。

考察点3：番字石刻

从小桥原路返回至路口，向东沿公路前行20米，到番字石刻，由正门进入，可见一座长30米、高5米的岩石，走近即可研读著名的“番字天书”。

图17-3　番字石刻正门

图17-4　十相自在图

图17-5　番字天书组字之一

图17-6　石刻上的钢架大棚

（4）“番字天书”刻在了哪一类岩石上？
（5）在石刻前查找，岩石上刻有文字的地方一共有多少处？
（6）“番字天书”所刻的是什么内容？
（7）由“十相自在图”的破损，思考如何保护好“番字石刻”？

考察点4：番字牌村内

出番字石刻正门，可沿着街道考察番字牌村。

图17-7　番字牌村

图17-8　遮阴蔽日的街道

（8）观察番字牌村民居的分布有何特点。

考察点5：村西南的山坡上

沿着村中的公路向西行200米，至番字牌小学门前，沿学校门前的小路绕围墙行至山坡上。

图17-9　树下的谷物

图17-10　坝沿上种的倭瓜

（9）写出你在番字牌村看到的果树和农作物的名称。

（10）番字牌村的农业生产有什么显著特点？

◎ 问题解析

（1）由于番字牌村在重要关口“白马关”以外，因此番字牌村属于塞外的一个村。

（2）番字牌村的地形类型以山地为主，海拔较高，起伏较大。

（3）比如：清澈见底、湖光山色、微波粼粼、山清水秀等。

（4）“番字天书”所刻的岩石属于岩浆岩中的玄武岩。

（5）共刻有11处33组文字。

（6）经专家辨认和鉴定，番字石刻形成于元代，书写的是梵文、藏文、蒙文三种不同的文字，3种文字内容一致，均为佛教的“六字真言”， 即“唵、嘛、呢、叭、咪、吽”，其寓意是为人类祈福、祈祷平安。

（7）为了防止石刻遭到自然风化可以采取修建围墙、钢架棚，栽植树木等措施；为了防止石刻遭到人为损坏，将番字石刻划定为保护区域，设置专人进行管理保护，对来参观的人进行文物保护教育。

（8）番字牌村的民居一般依山傍水而建，表现出原生态的村落格局。

（9）见到的果树有：杏树、板栗、红果树等；农作物有：黄豆、谷子、玉米、高粱、倭瓜、豆角、苏子等。

（10）番字牌村由于地处山区，耕地较少，都是比较狭小贫瘠的山地。在这种条件下，不适宜大型机械作业，因而耕作主要靠人力，当地村民因地制宜发展农业生产，采用果粮套种，或多种农作物混种的方式。

◎ 村落周边推荐景点

黑龙潭景区

黑龙潭景区距密云县城25千米,是去番字牌村的必经之地。该景区位于密云水库西侧，著名的鹿皮关和大关桥往西的幽深溪谷之中。景区全长4千米。溪谷两壁，陡峭齐耸，怪石林立；溪谷之中，溪水潺潺，潭瀑相连。景区内大潭18处，小潭不计其数。“通天瀑”、“龙门口”、“珍珠串”、“黑龙真潭”等景观，处处引人入胜。

◎ 参考信息

景区信息

自驾车：北京至密云鼓楼向北沿密关路，至番字牌村，见梵文千古牌楼，公路北（右）侧即为停车场，全程70千米；

公共交通：东直门汽车站乘980、970路公交车，到密云县城鼓楼站换乘60路、61路、62路公交车至番字牌村站下车即到。

番字牌村村委会联系电话：010-69015594。

旅行建议

一日游路线：第一天上午番字牌村，下午黑龙潭。

线路18：因地制宜建设“新农村”

——蔡家洼村三产联动发展模式

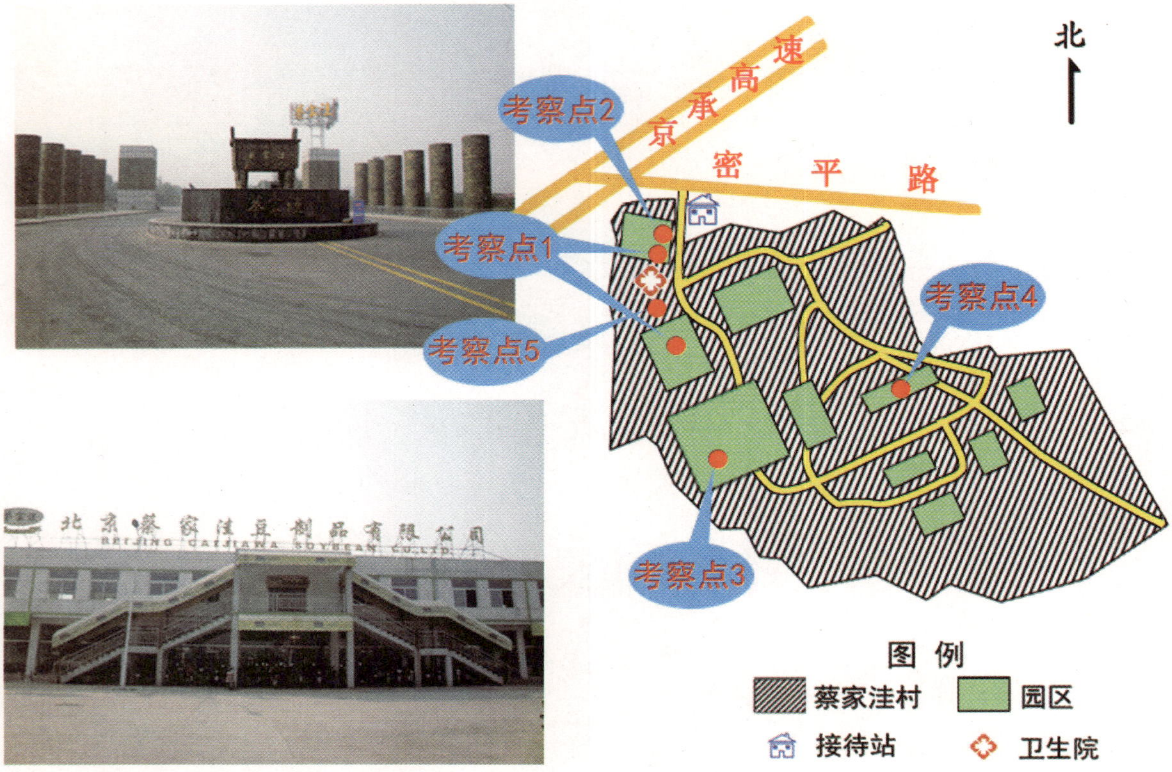

蔡家洼村考察示意图

◎ 村落简介

蔡家洼村位于密云县城东，潮河东岸，东、南两面依山，西傍潮河，北临101国道，距京承高速路第17出口500米，距密云县城5千米。全村总面积7.8平方千米，共800户、2600口人。蔡家洼村地理位置优越，依山傍水，环境幽雅，交通便利。

2005年蔡家洼村被北京市政府确定为远郊区旧村改造试点村，2006年被列为社会主义新农村建设整体推进村。村委会把全村农田、山场从农民手中全部流转归村集体，由村集体统一规划经营发展都市型现代农业；村集体统一建设了居住生活区，将村民搬迁上楼，利用村民搬迁置换出的1800亩土地建设休闲观光工业区、绿色旅游商务区等。目前，蔡家洼村已形成一、二、三产业联动发展，2010年村经济总收入5亿元，人均纯收入2.5万元。

近年来，蔡家洼村先后荣获“全国新农村十大特色村”、“北京市观光农业示范园”、“首都绿色村庄”等多项荣誉，该村的五音大鼓被列为北京市非物质文化遗产。2010年，蔡家洼村获“北京最美的乡村”提名。

◎ 主要地理活动内容

乡村名称	考察点	内容编号	地理内容
密云县蔡家洼村	1. 农民居住生活区	1.5村落规划 2.6土地利用 2.8环境保护与村落发展	新农村的建设、环境保护和村落发展
	2. 新村文化活动站	4.3非物质文化遗产	五音大鼓
	3. 休闲观光工业园区	5.2因地制宜发展经济	工业发展、蔡家洼豆腐
	4. 都市型现代农业区	3.2观光农业 3.4现代农业 3.5名特优土特产	都市型现代农业、土特产品
	5. 绿色旅游商务区	5.2因地制宜发展经济	第三产业发展、区位优势

◎ 考察步骤

考察点1：农民居住生活区

由蔡家洼村村口沿村路向南，路西侧是一排排整洁的楼房，各种健身设施、绿地等分布其间，这便是环境整洁优美的蔡家洼新村。由蔡家洼新村出来，继续沿村路南行300米左右，就来到了蔡家洼旧村。

（1）对比下面两张图片，思考蔡家洼新村与旧村有哪些差别。

图18-1　蔡家洼新村

图18-2　蔡家洼旧村

（2）如果你是蔡家洼新村的设计者，你会在哪些地方考虑农村生活的特点？

考察点2：新村文化活动站

由蔡家洼新村大门进入，向西走50米左右，即为新村文化活动站，在此可观看五音大鼓表演。

图18-3　五音大鼓表演一

图18-4　五音大鼓表演二

（3）蔡家洼村的五音大鼓为什么会被列为北京市非物质文化遗产？

（4）向表演者了解五音大鼓的各种乐器的演奏方式和曲目，写出五位表演者所使用乐器的名称。

考察点3：休闲观光工业园区

由蔡家洼旧村继续向南走300米左右，即可游览休闲观光工业园区的“豆腐加工厂”。

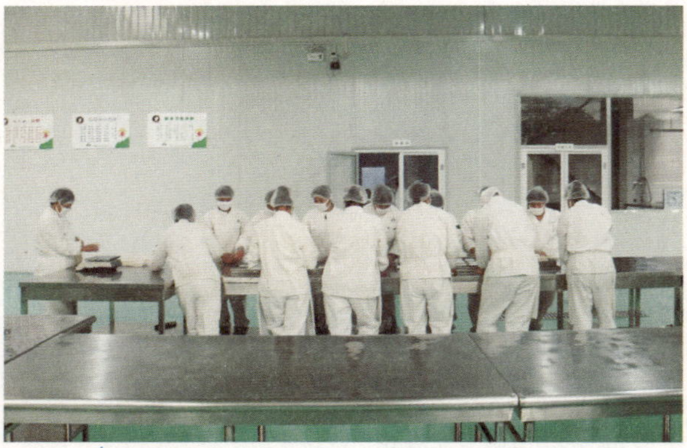

图18-5　工业园区生产车间

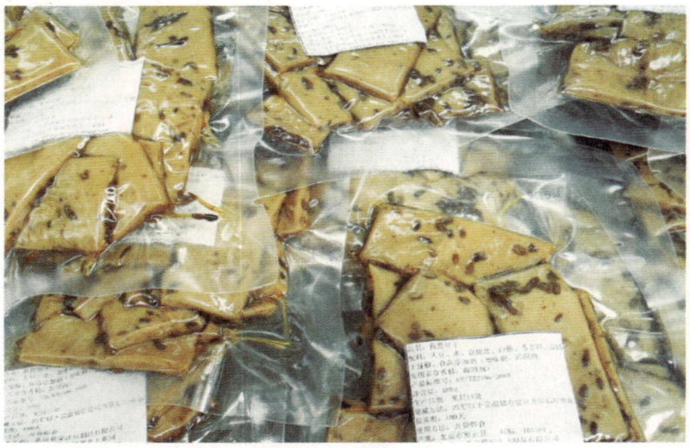

图18-6　蔡家洼豆制品

（5）蔡家洼休闲观光工业园区具有什么样的特色？

（6）走访村民，了解蔡家洼豆腐因何而名声远扬？

考察点4：都市型现代农业区

由工业园区，向东沿着山路前行大约500米，即可参观都市型现代农业园区，园区建有19栋智能温室大棚，每个大棚种植了各具特色的农产品。

（7）记录各个大棚中有哪些特色农产品。

（8）思考蔡家洼村在发展农业的过程中是如何解决土地问题的。

图18-7　绿色蔬菜——彩椒

图18-8　热带水果——木瓜

（9）蔡家洼村采用了哪些先进的农业生产技术?

图18-9　智能温室大棚

图18-10　大棚中的香蕉

考察点5：绿色旅游商务区

游览完蔡家洼村，我们来到蔡家洼村村委会，可以向村干部深入地了解蔡家洼村。我们会发现蔡家洼村已经形成了三产联动的经济发展模式，蔡家洼村的目标是建设成为休闲旅游商务区。

（10）思考在新农村建设中，“蔡家洼模式”有哪些值得我们借鉴的地方。

◎ 问题解析

（1）蔡家洼新村与旧村在人口居住规模、房屋布局和类型、商业网点的聚集、道路交通、文化生活、整体环境等方面存在差别。

（2）可以考虑农民原有生活的特点，比如为每户家庭修建储藏室、开辟菜园、建立活动站、开辟公共信息的传播途径等。

（3）五音大鼓是以非物质形态存在的与群众生活密切相关、世代相承的传统表演艺术形式，经过逐级申报，由所在地区非物质文化遗产保护中心审批。

（4）五音大鼓是一人持鼓板站立击节，说唱相间表演，另四人分别操持四胡、三弦、打琴(扬琴)和瓦琴伴奏的说唱曲艺形式。其产生于清代乾隆年间的行宫承德。在宫内称“清音会”，后流入民间。之后又被艺人们带到河北安次(廊坊)、天津一带。传到安次的五音大鼓在京津一带发生变异一分为二，其中一支经河北省安次、兴隆传入密云县巨各庄镇蔡家洼村保存至今。现已流传100余年。五音大鼓的“五音”较为可靠的说法是：在奉调、四平调、柳子板、慢口梅花、二性板五个曲种中各取其中的一个曲调，融汇形成的一个独立的曲艺品种。几种曲调来回变换，音韵悦耳动听。五音大鼓的唱词和书目体现出深厚的文化内涵和底蕴。词曲用字用韵工整、合辙押韵，琅琅上口，文学性很浓。书目内容丰富，有较强的教化作用和娱乐功能。代表性节目有：《报母恩》、《水漫金山寺》、《新世纪 · 新密云》等。密云县蔡家洼村五音大鼓使用的乐器历史悠久，其中瓦琴、打琴更为珍贵。现存的五音大鼓说唱组合是：齐殿章、齐殿明、贾云明、陈振泉、李茂生、黄清军六位老艺人。由于经济与科学技术发展带来的冲击、外来文明导致的审美方式的变化，演奏技巧难度较大，后人继承困难，加上六位老艺人年事已高，造成五音大鼓面临传承危机。

（5）蔡家洼休闲观光工业园是以“农产品加工”为特色的工业产业园区，有豆腐、饮料、纯手工制作的糕点、速冻包子等。

（6）蔡家洼豆腐从原料供应、传统的卤水点制工艺、优良的水质，到加工出的豆腐，由于其口感柔软、色泽白嫩、气味芳香，于2006年被北京市乡镇企业局定为“一村一品”的特色产品。目前该村豆腐已注册“蔡家洼”商标，经检测各项指标达标，已获QS市场准入许可证。

（7）荔枝、木瓜、火龙果、香蕉等热带果树，还有樱桃、蔬菜和花卉等。

（8）农村土地实行自愿有偿流转后统一经营管理，避免了一家一户生产的盲目性，打破发展后劲不足的瓶颈，有利于发挥土地的规模化效益，也便于招商引资。

（9）南方水果在北方栽种成功；都市农业生态水技术体系，优化配置水资源；生态智能温室。

（10）一是村企共建模式；二是可持续的创收模式；三是打造品牌，发挥品牌优势，形成三产联动的经济发展模式。

◎ 村落周边推荐景点

北京张裕爱斐堡国际酒庄

北京张裕爱斐堡国际酒庄位于北京市密云县巨各庄镇蔡家洼村东200米，占地800余亩，是由烟台张裕集团融合法国、美国、意大利、葡萄牙等多国资本，投资近5亿余元，于2007年6月全力打造完成。爱斐堡聘请前国际葡萄与葡萄酒局（OIV）主席罗伯特·丁罗特先生为酒庄名誉庄主，参照OIV对全球顶级酒庄设定的标准体系，在全球首创了爱斐堡 “四位一体”的经营模式：即在原有葡萄种植及葡萄酒酿造基础上，爱斐堡还配备了葡萄酒主题旅游、专业品鉴培训、休闲度假三大创新功能，开启了世界酒庄新时代。爱斐堡国际酒庄呈欧式风格，法桐大道、鲜食葡萄采摘园、哥特式城堡、地下大酒窖、欧洲小镇、张裕百年历史博物馆以及山水景观休闲区，使您可以尽情体验葡萄酒文化所带来的乐趣，与大自然亲密接触、彻底地放松身心。传承着百年张裕的传奇品质，北京张裕爱斐堡国际酒庄以“国际酒庄新领袖”为己任，肩负着向国人传播葡萄酒文化的重要使命，走向世界顶级酒庄之巅。

◎ 参考信息

景区信息

自驾车： 线路1：北京—101国道—密云班车站向南行驶1000米。

线路2：北京—京承高速—第17出口下高速向南行驶500米。

公共交通：东直门汽车站乘980、970路公交车，到密云县城鼓楼站换乘3路环城车，或到密云长途汽车站换乘5路环城车。

蔡家洼村村委会联系电话: 010-89093636，010-89093838。

旅行建议

一日游路线：上午蔡家洼村，下午张裕爱斐堡国际酒庄。

线路19：走进京东第一村
——曹家路村聚落发展与民俗旅游考察

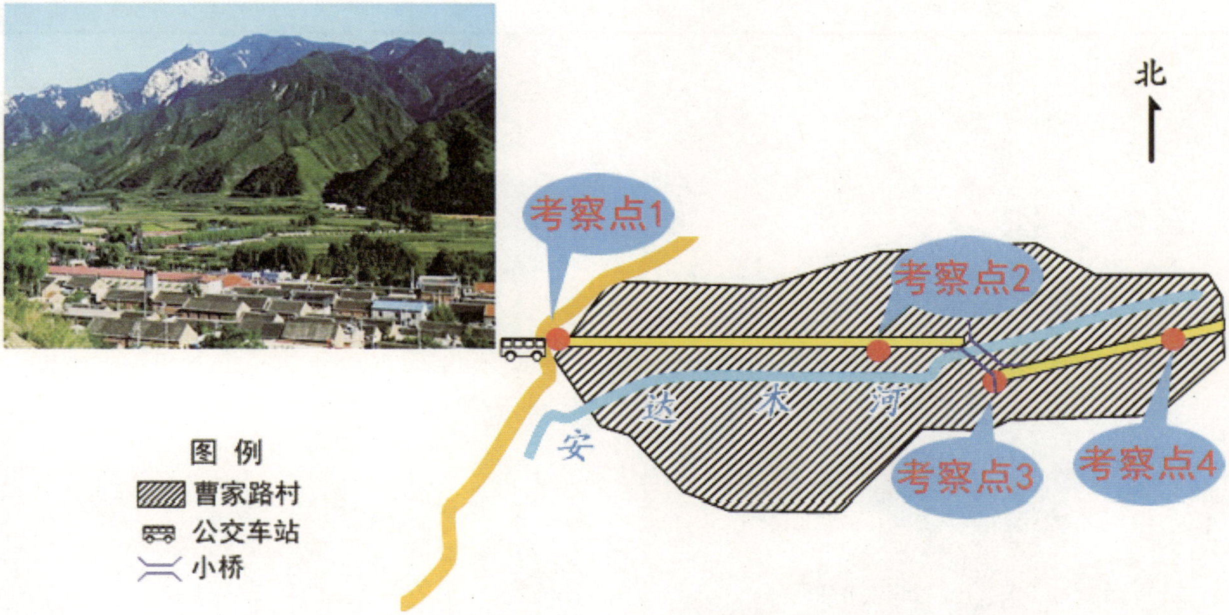

曹家路村考察示意图

◎ 村落简介

曹家路村位于密云县东北部的新城子镇，是北京市最先见到第一缕阳光的地方，素有“京东第一村”之称。全村共有820户、2200口人，村域面积16.2平方千米。

号称“一鸡鸣四县”之地的曹家路村，与河北省兴隆、承德、滦平三县交界，自古就是京畿边防重地。该村位于雾灵山脚下，山清水秀，乡土人情浓厚，拥有丰富的自然资源和优美的环境。

近年来，曹家路村多次获得北京市基层创建先进村、治安先进村和文明景区等荣誉称号，并被评为北京市生态示范村和山区发展先进村典型。2010年，曹家路村当选为“北京最美的乡村”。

◎ 主要地理活动内容

乡村名称	考察点	内容编号	地理内容
密云县 曹家路村	1. 曹家路村口	1.3村名来源 1.1位置特点	地理调查、使用网络资源确定地理位置
	2. 曹家路营城遗址	4.10遗址、遗迹	地理位置对村落发展的影响
	3. 村东仙保人工湖畔	5.2因地制宜发展经济	旅游业的发展
	4. 村东特色民俗旅店	4.8特色美食	旅游产品的开发、地理调查

◎ 考察步骤

考察点1：曹家路村口

曹家路村内的主街沿安达木河呈东西方向布局，街道东西长约1.5千米。进入村口大牌楼，只见一条柏油路，横贯村中央，穿村而过，展现出整洁、安宁的村容村貌。

图19-1　曹家路村口

图19-2　村内主街

（1）在村口走访村民，了解曹家路村名的来历。

（2）利用“谷歌地球”软件，确定曹家路村是否为京东第一村。

（3）结合实地调查，绘简图表示曹家路村与四个县的位置关系。

考察点2：曹家路营城遗址

从曹家路村口进村，沿东西方向的主街向东行约800米，此处可览曹家路营城遗址全貌。

图19-3　曹家路营城遗址

曹家路营城始建于明朝洪武年间。营城为虎头型，城周六里三十步，设东、西、南三门。东门为“绝胜雄关”，南门为“延胜门”，西门题写着“曹家路营城”。城东南设有便门。城内建有督司署、中军千总署、广有仓。东门外有校军场、演武厅、点将台。所辖长城各寨口的守将，都由这里点将上岗。明朝万历年间，戚继光加固长城，重修曹家路营城。城内设游击衙门，派游击驻守。此时，曹家路已是蓟镇西协四路之一，下辖22处关寨，派重兵驻守，作为边防重镇，在防止鞑靼犯边的战争中，发挥了举足轻重的作用。曹家路营城的三座城门毁于“文革”后期。

（4）曹家路村曾是明朝的边防军事重镇，分析该村成为边防军事重镇的地理原因。

考察点3：村东仙保人工湖畔

从村口主街东行1千米，右转过一大桥后，即来到仙保人工湖畔。

曹家路村2008年实现经济总收入6500万元，人均纯收入10274元，是北京市山区建设发展的典型村。

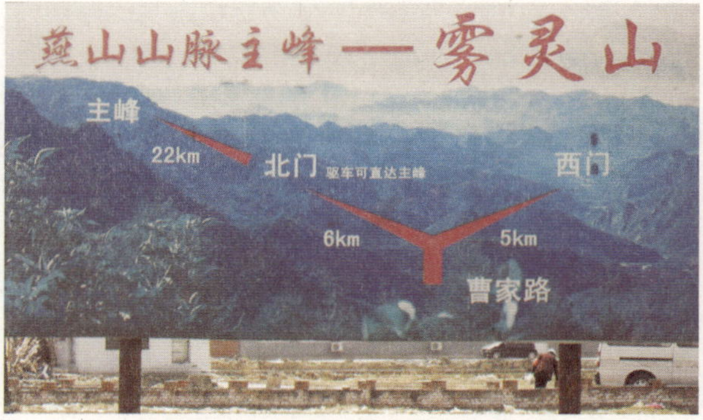

图19-4　雾灵山游览示意图

图19-5　雾灵山龙潭景区

（5）走访村民，调查了解曹家路村是如何“借山搞旅游”，因地制宜发展经济的？

考察点4：村东特色民俗旅店

自仙保人工湖畔沿安达木河向东行400米，可见到沿河两岸分布大小民俗旅店70多个，旅游度假村10余个。

图19-6　依山傍水的海波餐厅

图19-7　众多的旅游度假村

（6）通过走访调查，了解曹家路村民俗旅游接待能力，完成表19-1。

表19-1曹家路村民俗旅游接待能力调查表

民俗户名称	民俗户级别	经营项目	房间数	床位

（7）从地理学角度分析曹家路村民俗旅游快速发展的原因。

◎ 问题解析

（1）明朝在密云设西协边关四路，分别是古北口、墙子路、曹家路、石塘路，现在的曹家路村曾是明朝的西协边关四路之一，是通往东北的重要边关军事要塞。

（2）利用谷歌地球查询可知，曹家路村约位于东经117° 25' 33"，为京东第一村。

（3）曹家路村位于北京市密云县东北部，东与河北省兴隆、承德、滦平三县交界。绘图略。

（4）曹家路在明朝是军事重地，战略意义非常强，明朝蒙古部族以古北口和曹家路为突击口，经常进犯骚扰。因此，明朝把曹家路营城建在一条东西狭长的山谷中，这种军事布局符合“一线固守，纵深防御”的思想。并在曹家路关口设重兵防卫，此地统辖22个关隘，关隘呈梅花式布局，军事防守十分严密，14个军营，随时可以调动到所管辖的关隘，这种梅花式布点，当时在军事上是很科学的布局。

（5）曹家路村与雾灵山国家自然保护区毗邻，是进入雾灵山龙潭景区的必经之地。1997年曹家路村向雾灵山自然保护区管委会提出合作开发雾灵山龙潭景区意向。1998年2月，合作开发雾灵山龙潭景区项目得到了河北省林业厅的批准。 1999年5月9日,曹家路村开发的雾灵山龙潭景区正式开业。当年,全村仅门票收入就达16万元, 2008年，该村实现经济总收入6500万元，其中旅游综合收入3500多万元；人均纯收入10274元，曹家路村成为密云县旅游开发的示范村。

（6）表格略。民俗旅游户是以乡村自然、人文旅游资源为依托，以田园风光和农家生活方式为特色，为游客提供观光、娱乐、住宿、餐饮等服务的农户。民俗旅游户划分为两级：市级民俗旅游户和区（县）级民俗旅游户。民俗旅游户的等级采用打分的方法进行划分。截止到2010年底，曹家路村已有民俗旅游户77户，宾馆山庄10家，从业人员300多人，日接待能力达3000人以上。

（7）①地理位置重要：是北京市最东北部的山村，与河北省兴隆、承德、滦平三县交界，是个“鸡鸣四县”之地。②丰富的旅游资源： 位于雾灵山脚下，雾灵山森林覆盖率达80%，山上有2400种植物，149种野生动物，被誉为“华北地区物种基因库”。③独特的气候：此处属温带大陆季风型山地气候，位于北京市东部最高峰雾灵山脚下，地形的复杂性，决定了气候的多样性，形成了“山下飘桃花，山上飞雪花”，“山下阴雨连绵，山上阳光明媚”等自然奇观。④文明的村风：曹家路村在抓经济建设的同时，开展了形式多样的文明创建活动，不断丰富村民的精神文化生活。今日的曹家路村，生产发展、邻里和睦、班子团结、村风文明。一个民富、村美、健康、向上、文明、平安的社会主义新农村已展现在游客面前。

◎ 村落周边推荐景点

雾灵山龙潭景区

“岸边映山红，潭中冰块冻。一山分四季，胜景在雾灵。”这句民谣很好地概括了雾灵山龙潭景区的特色。

从曹家路村南行约5千米，便来到了雾灵山的西门——龙潭景区。该景区已命名的景点有32处，景点特色突出。景区内奇峰林立,崖悬壁险,林海苍郁，潭瀑相连，山水相依，森林气息十分浓厚，组成了一幅壮丽的自然画卷。每当人们步入景区之中，无不感受到已置身于一个全新的自然境界，步移景异，景景相连，真正地领略到大自然的神奇，使您流连忘返。龙潭景区的主要景点有：雾灵山竞秀峰、泼墨峰、玉穹峰、松云峰、将军峰、壶口瀑布、观音送子崖、天然猕猴桃园、龙潭瀑布等。

◎ 参考信息

景区信息

自驾车：从北京走京承高速公路到司马台站出口下高速，然后沿松曹路行驶10千米即可到达曹家路村。

公共交通：从北京东直门长途汽车站乘980路公交车到密云汽车站，自密云汽车站换乘密云至大角峪的公交车在曹家路村下车即到。

曹家路村委会联系电话：010-81022403，010-81021833

旅行建议

到曹家路村旅游及考察最佳时间为每年5~10月。如果行程安排一天，建议上午游览曹家路村，下午游览该村开发的雾灵山龙潭景区。如果行程安排两天，第二天可游览附近的云岫谷、司马台长城景区。

线路20：云蒙山下的禅味小村

——黑山寺村宗教文化与民俗考察

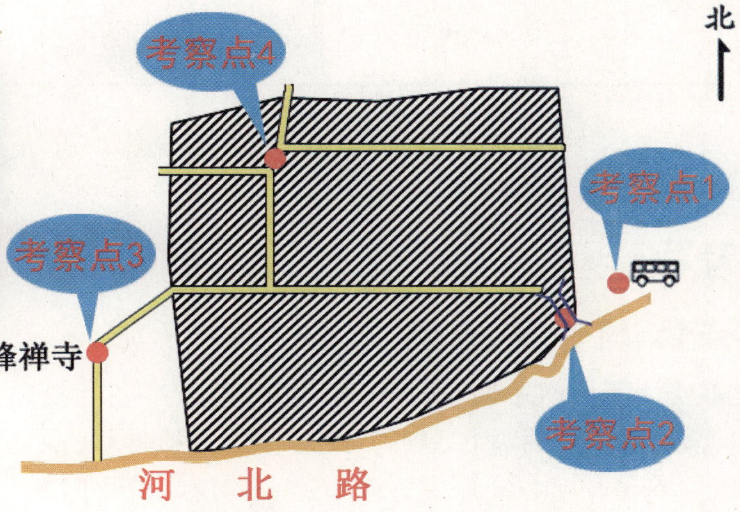

黑山寺村考察示意图

◎ 村落简介

黑山寺村位于密云县溪翁庄镇，距北京城区约80千米。全村85户、191口人，村域面积2.07平方千米。

据史料记载，早在唐代，在村西即建有较大寺庙，名荊山禅寺（俗称黑山寺）。清末，此地逐渐发展成村，村因寺而得名。该村地理位置优越，交通便利，京通铁路在村口设有站点。

群山环抱的黑山寺村，依山傍水，风光秀丽，自然环境优美。在这里春季山花烂漫；夏季峰泉叠涌；秋季硕果飘香；冬季雪压松柏。在村后云龙涧峰顶，刻有2008年北京奥运会的标志，这舞动的“京”字，作为世界奥运史上第一个用固体建筑的形式来记载奥运文化的标志，伫立在黑山寺村旁，代表着北京欢迎远道而来的客人。黑山寺村的美景，只有置身其中才能领略其神韵。2011年，黑山寺村获“北京最美的乡村”提名。

◎ 主要地理活动内容

乡村名称	考察点	内容编号	地理内容
密云县黑山寺村	1. 村东公交车站	2.1地质、地貌 2.2植被、土壤	识别地质、地貌特征、观察植被类型
	2. 村东小桥	4.10遗址、遗迹	地理观察、地理观测
	3. 村西大云峰禅寺	4.4宗教 5.1古树名木	宗教文化、古树
	4. 黑山寺村内	1.3村名的来源 4.8特色美食	宗教对村落发展的影响

◎ 考察步骤

考察点1：村东公交车站

自密云水库白河主坝西行4千米，到达黑山寺村东公交车站。

（1）观察并说明黑山寺村附近的岩石类型和地貌特点。

（2）观察并说明黑山寺村附近的土壤类型及植被特点。

图20-1　黑山寺村附近的地貌

图20-2　黑山寺村附近的植被

考察点2：村东小桥

从村东公交车站向西步行100米到达村东小桥，由此北眺村北的五座楼山，在五座楼山主峰上可见一个大型中国印摩崖石刻。

图20-3　村东小桥

图20-4　中国印摩崖石刻

（3）估测此处“中国印”摩崖石刻的高度和宽度。

（4）你能说出“中国印”的寓意吗?

考察点3：村西大云峰禅寺

从村东小桥沿黑山寺村村南河北路西行1千米，然后向西北行200米即到大云峰禅寺。

图20-5　大云峰禅寺一

图20-6　大云峰禅寺二

（5）阅读大云峰禅寺内的石碑碑文，了解大云峰禅寺的历史。

（6）游览大云峰禅寺，绘制大云峰禅寺主要建筑布局示意图（标注“大雄宝殿，地藏殿，观音殿，天王殿，讲经堂”的位置）。

北

图20-7　大雄宝殿

图20-8　讲经堂

图20-9　地藏殿

图20-10　观音殿

（7）观察大雄宝殿前的古银杏树生长情况，查找古树级别与编号并推测树龄。

图20-11　古银杏树

考察点4：黑山寺村内

自大云峰禅寺向东北行约500米，自村子西口进入黑山寺村内。

（8）走访村民了解黑山寺村村名的来历。

（9）走进黑山寺村可以看到很多禅味十足的民俗饭庄名字，如“缘素”、“梵思”、“了悟斋”、“净莲阁”等，试分析其产生原因。

图20-12　缘素民俗饭庄

图20-13　梵思民俗饭庄

图20-14　了悟斋民俗饭庄

图20-15　净莲阁民俗饭庄

（10）走访村民，调查了解本村禅文化特色民俗饭庄的名称、寓意、特色“禅味”菜肴，完成表20-1。

表20-1　禅文化特色民俗饭庄调查表

饭庄名称	主要寓意	所处位置	饭庄编号	特色“禅味”菜肴

◎ 问题解析

（1）黑山寺村位于密云县西部的云蒙山支脉五座楼山脚下，这里属于燕山造山带一部分，以花岗岩为主体。地形属于燕山余脉的低山丘陵区。该村南、西、北三面群山连绵，中部平缓，向东开口，地势西高东低。

（2）黑山寺村附近地区的土壤为淋溶褐土。植物种类丰富，森林覆盖率高。

（3）在黑山寺村北海拔968米的五座楼山主峰云龙涧上，刻有高96米、宽38米的大型摩崖石刻“中国印”。

（4） 中国印是2008年北京奥运会会徽，它将中国具有5000多年历史的印章和书法等艺术形式与体育运动特征结合起来，巧妙地幻化成一个向前奔跑、迎接胜利的运动人形。这一设计，凝聚了中华民族优良传统文化的神韵。鲜红的色彩传达了中国文化特有的热情气氛；寓意丰富的图形，形如一个“京”字，表达了举办地的名称；也像一个冲向终点的运动员，体现了挑战极限、创造辉煌的奥林匹克精神；又似一个载歌载舞中的人，表达了13亿中国人民对于奥林匹克运动的美好憧憬和欢迎八方宾客的热情与真诚。

（5）大云峰禅寺始建于唐代，由于山上多生长落叶灌木牡荆而得名“荊山禅寺”，俗称“黑山寺”。宋代曾重修复建，改名“云峰禅寺”，云峰禅寺后来毁于清朝乾隆年间。现千年古刹已经重新得到修复，并更名为“大云峰禅寺”。

（6）简图略。

（7）黑山寺内的古银杏树，树高约38米，树干直径粗约2米，4人手拉手无法环抱，据考证此树已有六百年的历史。银杏树级别：一级古树；银杏树编号：11022800063。

（8）黑山寺村村西早在唐代就建有“荊山禅寺”，俗称“黑山寺”。清末，此地逐渐发展成村，村因寺而得名黑山寺村。

（9）黑山寺村以“禅味小村”为主打品牌，以复建后的大云峰禅寺游览为主线，在民俗旅游中融入了禅文化。民俗旅游以“禅味”为特色，以素食为主，原材料选用纯天然绿色蔬菜、杂粮等。每个民俗户都有一个禅味十足的名字：“缘素”、“梵思”、“了悟斋”、“净莲阁”等。

（10）禅文化特色民俗饭庄调查

饭庄名称	主要寓意	所处位置	饭庄编号	特色“禅味”菜肴
缘素民俗饭庄	素可“正心修德”、“有益健康”	村东口	C703	榛蘑炒西芹、素炒苦瓜、炸花椒芽、拌木栾芽等
净莲阁饭庄	心净莲花开	村南	C709	香干圆白菜、清炒蕨菜、拌柳芽、凉拌毛豆等

◎ 村落周边推荐景点

桃源仙谷风景区

桃源仙谷风景区位于黑山寺村北约9千米处。从黑山寺村向东行4千米上S205公路，沿S205公路北行5千米到达石城镇政府，然后西行500米即到。桃源仙谷风景区是国家AAAA级景区，是一处生态旅游风景区，它东起密云水库西岸，西至观峰台顶巅，全长8千米，总面积16平方千米，景区内峡谷森林茂密，潭瀑众多，山峰雄伟，环境洁美，特别是一湖六瀑十三潭等30多个自然景观镶嵌在云海、神峰之中，构成了一幅世外桃源的天然风景画廊。

◎ 参考信息

景区信息

自驾车：京承高速公路，自京承高速公路密云城区出口下高速，向密云水库方向行驶约15千米，自密云水库白河主坝向西行驶4千米即到。

公共交通：北京东直门长途汽车站乘980路公交车到密云鼓楼站下车，转乘密云至溪翁庄镇的8路公交车在黑山寺村下车即到。

黑山寺村村委会联系电话：010-69012774

旅行建议

夏、秋季节是游览黑山寺村的最佳季节。

一日游：上午游览黑山寺村和大云峰禅寺，下午游览附近的桃源仙谷。

平谷篇

线路21：中国红杏第一村

——北寨村红杏种植条件和地质考察

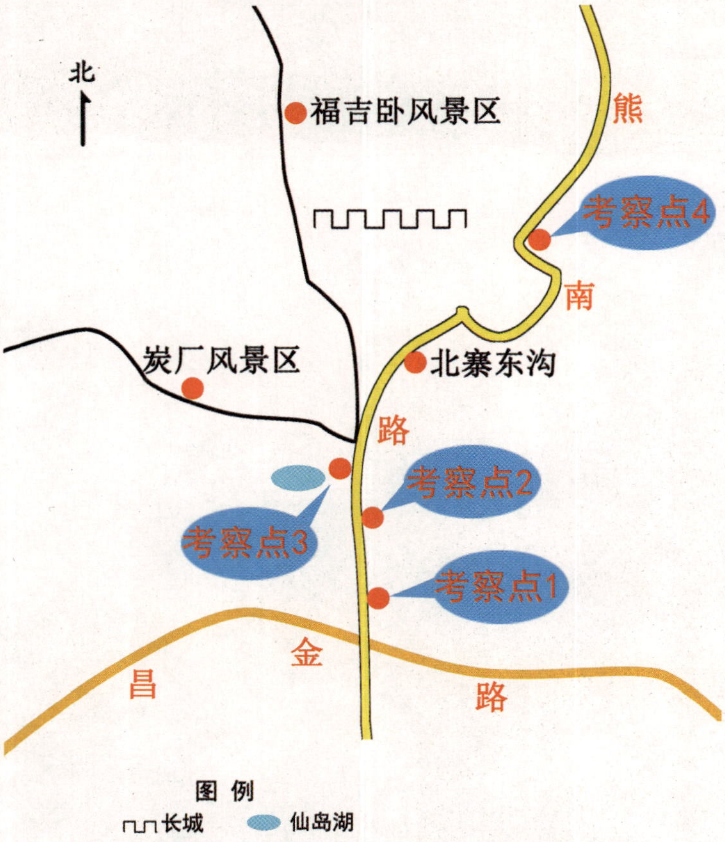

北寨村考察示意图

◎ 村落简介

北寨村位于平谷区南独乐河镇北部，距平谷城区15千米。该村由北寨、东石片、福吉卧等十几个自然村组成，村域面积17.1平方千米，共235户、816口人。

北寨自然村成村于明代，原名北城寨，因当时在长城南侧峨眉山口里的北城寨，后简称北寨。东石片自然村清代成村，因村前分布的岩石薄而成片，又位于北寨自然村之东，故名东石片。福吉卧自然村清代成村，因建在两条山沟交汇处的台地上，人们为求常驻这里，福星高照，吉祥如意，故取名福吉卧。

近年来，因发展红杏等果品种植和旅游业，北寨村面貌大为改观，村民生活水平显著提高。山清水秀，空气清新，环境优美的北寨村，2008、2011年两度获“北京最美的乡村”提名。

◎ 主要地理活动内容

乡村名称	考察点	内容编号	地理内容
平谷区北寨村	1. 村南红杏基地	3. 2观光农业	种植红杏的有利条件
	2. 北寨村聚落	1. 3村名的来历	地形对聚落的影响
	3. 北寨小水库——仙岛湖	2. 4小流域治理	河流的治理
	4. 东石片自然村	2. 1地质、地貌	岩石的类型、地形对农业的影响

◎ 考察步骤

考察点1：村南红杏基地

从北京走京平高速路到夏各庄收费站出高速路，往北沿夏鱼路前行至鱼子山村口牌楼处东转，沿昌金路向东至峨眉山路口北转直行便是北寨红杏基地。

图21-1　北寨杏花

图21-2　北寨红杏

图21-3　北寨红杏市场

（1）走访村民，了解北寨村红杏的栽培历史及种植的有利地理条件。

（2）通过上网或其他途径了解到该村赏杏花和采摘红杏的最佳时间。

考察点2：北寨村聚落

红杏基地北面，即为北寨村村委会驻地——北寨自然村。

图21-4　北寨村标志

图21-5　北寨行政村驻地——北寨

（3）观察村落分布与地形的关系。

图21-6　北寨小水库——仙岛湖

考察点3：北寨小水库——仙岛湖

北寨小水库——仙岛湖，在北寨自然村西，与北寨自然村隔着熊南路相望。

（4）走访村民，了解北寨石河的治理。

（5）分析北寨村修建小水库——仙岛湖对小气候和旅游的影响。

考察点4：东石片自然村

由北寨小水库沿熊南路向东北走约3千米就到了东石片自然村。

图21-7　东石片自然村

图21-8　东石片村村南的沉积岩

（6）观察东石片村村南的岩石，说出其特点及所属岩石类型。

（7）看一看，东石片自然村和北寨自然村果树种类有何不同，试说明形成这种差异的原因。

◎ 问题解析

（1）北寨红杏久负盛名，种植历史悠久，主要是因为：这里的土壤富含硒等微量元素，适宜红杏生长。北寨村民充分利用这一优势，大力发展红杏种植，已形成万亩红杏生产基地，供游人观光、采摘。

（2）杏树在早春开花，初夏果实成熟。由于北寨村海拔高于城区，故花期和果期略晚于城区。根据多年物候观察，北寨红杏平均始花日期在4月7日，盛花期在4月10日。杏树的花期可持续5~10天。红杏早熟品种可在5月底开始采摘，大量上市在六月，采摘时间可持续一个月。因天气等因素，各年杏树开花和果实成熟的早晚会有些差异。若想来此观赏杏花或采摘红杏，事先需搜集有关杏花开放和红杏成熟的信息。

（3）北寨村村委会驻地北寨，位于北寨石河谷地，受地形影响，聚落南北延伸呈矩形；其他自然村受地形影响，规模较小，散布在山坡上或狭窄的谷底。

（4）北寨人为了减轻洪水灾害，并解决冬春灌溉缺水问题，对北寨石河进行了治理。治理措施主要有：

①封山育林，保护天然植被；栽植水源涵养林。目前，北寨植被覆盖率已达95%以上。发挥了植被滞留雨水的作用，大大减轻了水土流失，减轻了汛期的洪水量。

②修建蓄水工程：如位于北寨自然村村西的北寨小水库（仙岛湖），于2004年建成，是北寨村蓄水工程之一。

③在北寨小水库下游修建了护河堤坝。

（5）北寨为了进行小流域治理，在村委会驻地北寨村西截北寨石河，建成北寨小水库。小水库面积40亩，蓄水5万方。因小水库中有小石桥相连的三个小岛，取神话中海上有仙山之意，故又称仙岛湖，岛上绿树成荫，是村民和游客休闲、垂钓的好去处。北寨小水库的建成，既减轻了洪水对北寨村村民生命、财产的威胁，又在一定程度上解决了春季灌溉缺水的问题，还对减轻下游的峨眉山村、刘家河村的水灾起到了很大作用。北寨小水库除发挥蓄洪、灌溉作用外，对北寨自然村小气候也有一定作用，据北寨自然村村民反映：盛夏时节这里的最高气温比小水库修建前明显偏低。

（6）东石片自然村村前岩石类型属于沉积岩，层理构造明显。

（7）东石片自然村和北寨自然村林果生产的差异及原因：北寨自然村所在的北寨石河谷地，海拔较低，土层较厚，是北寨的优质红杏基地。东石片村海拔400余米，地势较高，土层较薄。这里除少数土层稍厚的地方栽植红杏外，其他地势较平坦的地方主要栽植红果和核桃树，坡度较大的地方是生态林和水源涵养林。

◎ 村落周边推荐景点

京东大溶洞

自北寨村沿昌金路向东行约4千米向北拐就到达京东大溶洞景区。京东大溶洞发育于约十五亿年前形成的白云岩岩层中。白云岩属可溶性岩石，在水的溶蚀、侵蚀作用下形成了溶洞。洞内有石笋、石钟乳、石柱、地下河等。京东大溶洞是认识北方喀斯特地貌的理想学习地点。

◎ 参考信息

景区信息

自驾车：沿京平高速至东高村收费站，出收费站往北沿平三路到平谷县城，自县城继续向北沿平程路到昌金路与平程路相交的十字路口往东，行至峨眉山路口左转，往北即到北寨红杏基地。

公共交通：自北京东直门乘852路公交车（原918快1）到平谷，换乘平谷区28路公交车直达北寨村。

旅行建议

由于每年杏树开花和成熟的日期会有些差异，建议游客出行前通过网络等途径了解相关信息。从北寨自然村到东石片自然村距离较远，如步行前往，需要有充足的体力。

线路22：新愚公移山建村记

——挂甲峪村聚落与旅游考察

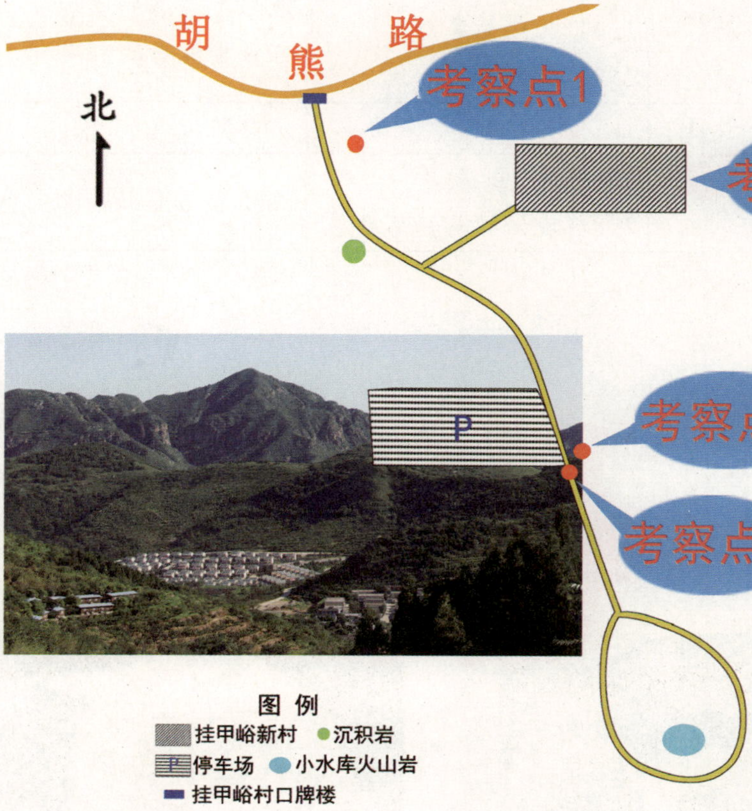

挂甲峪村考察示意图

◎ 村落简介

挂甲峪村位于平谷区大华山镇，距平谷城区约20千米。该村村域面积4.6平方千米，共112户、368口人。

地处燕山余脉的挂甲峪村，北、东、南三面环山，仅在西北方向有狭窄出口与熊（熊儿寨）南（南独乐河）路相通。过去的挂甲峪村由于交通闭塞，又严重缺水，曾是个远近闻名的穷山村。 改革开放以来，特别是1997年北京市推进社会主义新农村建设以来，通过发展村办企业、果品生产和乡村旅游等，挂甲峪村的集体经济实力和村民收入得到大幅度的提高，昔日的穷山村发生了翻天覆地的变化。2007年，挂甲峪村被评为“北京最美的乡村”。

◎ 主要地理活动内容

乡村名称	考察点	内容编号	地理内容
平谷区挂甲峪村	1. 村口桃园	3. 2观光农业	大桃种植的有利条件
	2. 挂甲峪新村	1. 3村名的来历 1. 2村落的发展历史 2. 9资源的开发利用	地形对聚落的影响 可再生能源的利用
	3. 六郎挂甲景区	1. 1位置特点	历史地理
	4. 挂甲峪山庄	2. 1地质、地貌 2. 8环境保护与村落发展	沉积岩与火山岩，生态保护与旅游

◎ 考察步骤

考察点1：村口桃园

位于村口的桃园是挂甲峪村大桃主要种植区。

图22-1　挂甲峪村口的桃园

图22-2　品质优良的大桃

（1）观察桃园所处的位置，分析在这里种植大桃的有利地理条件。

（2）在春季，同一品种大桃的花期，挂甲峪村一般要比大岭——峨眉山一线以南地区晚3~5天，比镇罗营地区早3~5天，试分析原因。

考察点2：挂甲峪新村

沿村口牌楼前行约1千米，路北即是挂甲峪新村。

图22-3　挂甲峪新村

图22-4　改造前的挂甲峪旧村

图22-5　太阳能采暖的别墅楼

图22-6　风能发电机

图22-7　生物质气炉

（3）走访村民，了解该村村名的来历，调查改革开放以来挂甲峪村发生巨变的原因。

（4）分析地形对该村聚落的影响。

（5）找一找，看看挂甲峪村目前使用了哪些可再生能源?

考察点3：六郎挂甲景区

由挂甲峪新村沿公路向东南行约300米到挂甲峪山庄，挂甲峪山庄东侧山坡为六郎挂甲处景区。

图22-8　六郎挂甲处景区

（6）查阅初中历史教材，了解北宋初期平谷区的政治地理位置。

考察点4：挂甲峪山庄

自六郎挂甲处景区西行约20米，就是挂甲峪山庄景区。

图22-9　挂甲峪山庄景区

图22-10　山腰上的小水库大坝

图22-11　小水库附近的岩石

图22-12　挂甲峪新村南面的岩石

（7）山腰的小水库及山下的蓄水池是该村小流域治理的重要工程，说明小流域治理的意义。

（8）比较小水库附近的火山岩与挂甲峪新村西南面的沉积岩主要差异。

（9）走访村委会，了解该村在生态环境保护和旅游业方面做了哪些工作。

◎ 问题解析

（1）大桃喜光，较耐旱，喜排水良好的沙壤土，不耐水湿。挂甲峪村的桃园，地势东高西低，有一定坡度，利于排水；沙壤土，通气透水，利于大桃的生长；温带大陆性季风气候，光照充足，昼夜温差大，利于大桃糖分的积累。所以，这里的大桃个大、色好、口感好。

（2）挂甲峪村地处山区，桃园海拔200米左右。大岭——峨眉山一线以南地区，地处山前平原，海拔一般在20—50米，比大华山——挂甲峪桃园海拔低，加之大岭——峨眉山山地减弱了冷空气势力，所以，大岭——峨眉山一线以南桃园的花期比挂甲峪桃园早3~5天；镇罗营大桃种植区，海拔一般在300米左右，比大华山——挂甲峪的桃园海拔高，又加之春季镇罗营大桃种植区受冷空气的影响比大华山——挂甲峪的桃园大，因此，镇罗营大桃种植区比大华山——挂甲峪的桃园的花期晚3~5天。

（3）因传说宋代抗辽名将杨六郎行军时曾路过此地，休息时将盔甲挂在树上晾晒，故此山谷名挂甲峪。该村建于清咸丰年间，建村后以山谷名为村名，称挂甲峪村。

（4）受地形影响，村落主体部分（别墅式楼群）高低错落的分布在北面山地的山前台地上。因地势东高西低，房屋地基自东向西逐级降低。台地东西延伸，故聚落呈东西延伸。

（5）可再生能源的使用情况：挂甲峪村使用的可再生能源主要是太阳能、风能和生物质燃料。①使用太阳能取暖。挂甲峪村别墅式楼房采用太阳能供暖，在阴天的情况下，有时使用电暖气以补温度较低之不足。从春季到秋季村民洗浴也用太阳能热水器。②风能发电。挂甲峪村有风能发电机20余个，所发的电用来照明，但这里从春季到秋初风力弱，风能发电很少，需电网供电补充。③用生物质气炉做饭、烧饮用水。生物质气炉是一种节能、环保的新式炉具。燃料来自当地植物的秆、枝、叶、皮。如剪下的树枝、落地的树叶和收割后庄稼的秸秆，以及花生皮、栗子皮、核桃皮等可燃生活垃圾。将树枝、树叶和庄稼秸秆等用粉碎机粉碎后，再用机器压成直径5~10厘米，长10厘米的燃料块，晾干后储存起来，以备随时使用。炉具有加气装置，可使燃料燃烧得更充分，提高能源利用率。一般节能40%~60%。

（6）①读由人民教育出版社出版的初中历史教材中“北宋、辽、西夏形势图”并结合现行政区图可知，北宋时期，平谷区地处辽占领区南部，离宋占领区较近。②北宋初期，杨六郎受北宋朝廷之命镇守河北，多次率军打败辽兵。在打败辽兵、追击辽兵过程中，曾路过这里是有一定历史依据的。更主要的是，中华民族对忠臣孝子十分敬仰，以历史上抗敌英雄曾在这里战斗过而感到自豪。故平谷地区有不少地名与杨家将有关。挂甲峪是其中之一。

图22-13　北宋、辽、西夏形势图

图22-14　现在平谷区位置示意图

（7）地处山区的挂甲峪村以前植被覆盖率低，水旱灾害严重。自1987年以来，该村在大力发展水源涵养林的同时，在山腰、山下修建了多个小水库、蓄水池，这些水利工程既减轻了洪水造成的灾害，又可用蓄积的雨水灌溉农田、果园。随着该村旅游业的发展，这些水利设施还成为景点。

（8）沉积岩有层理构造。

（9）挂甲峪村重视生态环境保护，自70年代开始封山育林，改革开放以后，经济有了发展，村民生活水平有了提高，更加重视生态保护。挂甲峪村因地制宜，在地势较低、较平坦的地方种植桃树等果树；在缓坡修梯田，栽植苹果、梨、核桃等果树；在海拔较高，坡度较大的地方植树造林。现在挂甲峪村植被覆盖率达95%以上，在保护植被的同时进行小流域治理。在做饭、取暖、照明等方面使用太阳能和风能等可再生的清洁能源。现在挂甲峪村山青、水秀，空气清新。优美的环境吸引了游客，对发展旅游业起到了良好的作用。

◎ 村落周边推荐景点

三羊古火山景区

出村口往东沿胡熊路至熊儿寨，再沿熊南路前行约500米，路南即是三羊古火山景区。该景区代表性的景观是15亿年前火山喷发时形成的古火山口。这里植被覆盖率达95%以上，气温比市区低3~5℃，空气中富含负氧离子。这里除有古火山外，还有逆掩断层，以及内外力共同作用形成的“古猿迎宾”、“神龟石”、凤凰山等地貌景观。来这里考察，既可享受自然之美带来的愉悦，又可认识火山地貌的独特景观。

◎ 参考信息

景区信息

自驾车：沿京平高速路到东高村收费站，向北沿平三路到平谷城区，自平谷城区沿平程路继续向北，到熊儿寨路口左转，沿胡（胡家营）熊（熊儿寨）路前行约3千米即到挂甲峪村口（有大牌楼）。

公共交通：从北京东直门长途汽车站乘852（原918快1）路公交车到平谷县城，换乘平谷35路公交车直达挂甲峪村。

门票：30元/人，65岁以上老人和学生凭证享受半价。

线路23：长城脚下的古关新貌

——将军关村长城和旅游业考察

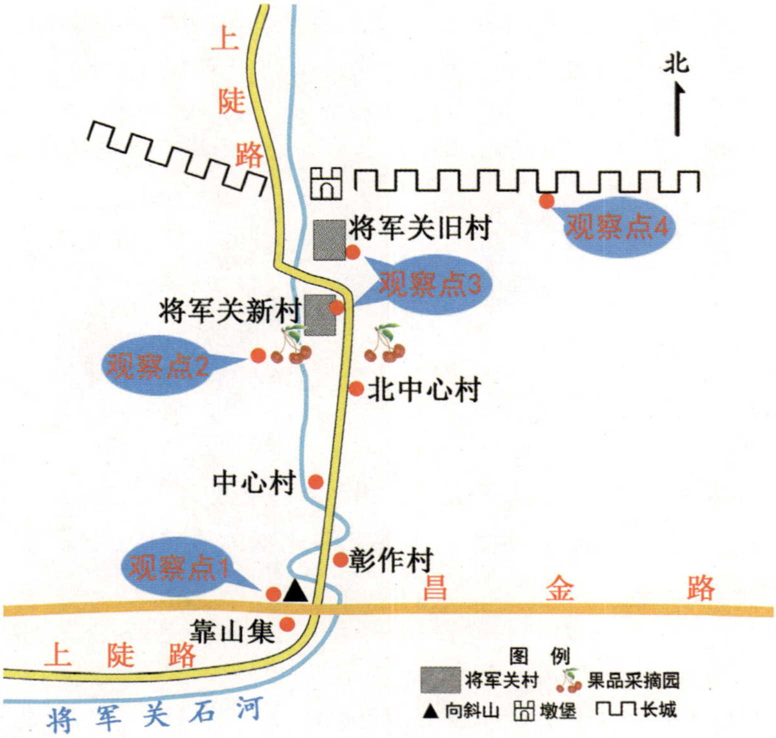

将军关村考察示意图

◎ 村落简介

将军关村位于平谷区金海湖镇东北部，距美丽的金海湖约6千米。地处北京（平谷区）、河北（兴隆县）、天津（蓟县）三省（市）交界处的将军关村，是个“鸡鸣三省”之地。该村由将军关和马家沟两个自然村组成，村域面积10.5平方千米，共558户、1640口人。

建于明朝永乐二年的将军关为明长城重要关隘，属于蓟州总兵备道管辖，因紧邻关口处有一巨石，明初守关将军曾登巨石指挥作战，打退敌军进攻，故此石被称为将军石。明成化年间，守关将军王杞在巨石上刻了“将军石”三个字，自此该关被称为将军关。该村因紧靠将军关而得名“将军关村”。

将军关村是个山区村，经过规划设计，逐步实施村镇建设之后，村容村貌焕然一新，该村的规划设计方案还获得了2004年北京市住宅与居住区优秀规划设计方案，是当年村级建设的唯一获奖单位。如今的将军关村已成为北京市农家乐旅游的知名景点之一，2006年被评为“北京最美的乡村”。

◎ 主要地理活动内容

乡村名称	考察点	内容编号	地理内容
平谷区 将军关村	1. 靠山集村后的向斜山	2. 1地质、地貌	地质构造
	2. 果品采摘园	3. 2观光农业	都市型现代农业
	3. 将军关村	1. 3村名的来历	地形对聚落的影响
	4. 将军关长城	4. 10遗址、遗迹	长城分布特点，将军关长城所用建材特点

◎ 考察步骤

考察点1：靠山集村后的向斜山

从平谷县城往东沿平（平谷）蓟（蓟县）路到上宅治安检查站左转至上宅，再沿上（上宅）陡（河北兴隆县陡子峪）路前行约2千米至昌金路与上陡路相交的十字路口，十字路口的西北就是向斜山（当地人叫茅山）。继续沿上陡路向北行进，就进入了将军关——官庄大背斜中。

图23-1　靠山集村北向斜山

图23-2　将军关至官庄背斜谷

（1）观察并思考：为什么将军关背斜成谷，而靠山集村后的向斜成山呢？

考察点2：果品采摘园

图23-3　樱桃林

图23-4　核桃林

图23-5　板栗林

图23-6　板栗

沿上陡路向北行约4千米就到将军关新村村南的果品采摘园，包括路东的樱桃园和路西至山坡的核桃、板栗采摘区。

（2）向果农咨询，了解该村发展核桃、板栗、樱桃等果树种植的有利地理条件。

考察点3：将军关村

自果品采摘园北面出来就是将军关新村，将军关新村北面隔上陡路是将军关旧村。

图23-7　将军关旧村

图23-8　将军关新村

（3）到村里走一走，考察新、旧村与地形、河流的关系。
（4）实地考察新村，了解各家楼房面积、居室布局和冬季采暖等情况。

考察点4：将军关长城

将军关旧村北面即为将军关长城。

图23-9　关城西山上的长城

图23-10　将军关长城墩堡

图23-11　关城东山上的长城

（5）观察关城和两侧的长城分析：长城的位置与地形的关系。

（6）将军关长城采用了什么材料建造？用这样的材料有什么好处？

◎ 问题解析

（1）背斜成谷的主要成因：岩层向上拱起形成背斜，背斜一般成山。但岩层向上拱起时，顶部岩层受张力作用破碎，破碎的岩石易受风化、侵蚀，特别是在流水的侵蚀、搬运作用下，就可能形成了谷地。

向斜成山的主要成因：岩层向下弯曲形成向斜，向斜一般为谷地。但向斜形成时，核部受挤压，加之岩石坚硬，抗风化侵蚀的能力强，反而可能成为山岭。

（2）核桃具有喜光、耐寒、耐旱、宜栽植在沙壤土的特点，这里光照充足，沙壤土，排水良好适宜核桃生长。将军关核桃种植历史悠久。

板栗具有喜光、较耐旱、耐寒、多栽植于光照充足的坡地的特点。这里的地形、土壤、气候适宜板栗生长，故板栗种植面积较大。此外，村民开发的“将军关栗子宴”也是远近闻名。

樱桃具有喜光、较耐瘠薄、在土层深厚的沙壤土上生长良好的特点。这里的气候适宜樱桃生长，村南路东的沙壤土，土层深厚，适宜樱桃生长，近年将军关村民引进优良樱桃品种，在这里栽植540多亩樱桃。

总的来讲，村民因地制宜，选择适宜的地形、气候、土壤等条件发展核桃、板栗、樱桃等果树种植，并辟为果品采摘园，带动了该村经济和旅游的发展。

（3）将军关背斜谷，南北延伸，将军关石河沿谷底西侧山地山麓自北向南流。受地形和河流影响，旧村落分布在河流东岸台地上，村落呈矩形南北延伸。将军关新村分布在河流东岸平地上，村落成矩形，南北延伸。为防洪水危害，在将军关石河两岸修筑了防洪大坝。但将军关新村所在之处地势较低，应增强防大洪水的意识，进一步加强防洪措施。

（4）将军关新村，民居建筑为两层别墅式楼房，采取太阳能供暖。不同户型的建筑面积从128平方米到214平方米不等。2005年，第一批住进别墅式楼房的村民有86户，现约150户村民住进了别墅式楼房。因住房面积大，村民除将楼房做自己的住房外，还利用空出来的房间开辟成“农家院”，接待游客。

（5）将军关是万里长城自东进入北京市的第一关，关口建在将军关村北的隘口处（关城已毁），隘口宽约200米，西为陡崖，陡崖上修有长城，陡崖下修有墩堡（现已不存在）；东为延伸下来的山脊，在山脊上修筑了长城，延伸到地势较低处，修有墩堡（如图23-10）。

（6）这里的长城砌墙所用材料，是当地石英砂岩。这样做有两个好处：一是石材坚硬，抗风化能力强，垒的城墙坚固；二是就地取材，节省建设成本。

◎ 村落周边推荐景点

金海湖景区

金海湖景区位于上陡路的起点上宅村南，距将军关约6千米，是一处自然和人文景观并重的景区。景区内有：上宅文化陈列馆、大坝长廊、舍身崖、金花公主墓、横山（又叫锯齿崖）、湖光塔等景点。通过参观上宅陈列馆，可追忆先民的生产生活，丰富历史、文化知识；在金海湖上荡舟享受碧波荡漾、和风拂面的愉悦；考察地震造成的锯齿崖、舍身崖，增长地质知识。

◎ 参考信息

景区信息

自驾车：沿京平高速往东到东高村收费站出高速路，往北沿平三路到平谷城区。自平谷城区往东沿平蓟路前行到上宅检查站北转到上宅，沿上陡路往东行至与昌金路相交的十字路口，考察向斜山。然后，继续沿上陡路北行约4千米就到了将军关村南的果品采摘园。

公共交通：从北京东直门长途汽车站乘852（原918快1）路公交车到平谷，换乘平谷29路公交车到靠山集站下车，北行至上陡路与昌金路相交的十字路口下车考察向斜山。再乘平谷29路公交车直达将军关村南果品采摘园。

旅行建议

因向斜山距将军关村南果品采摘园较远，故从向斜山到将军关村南果品采摘园最好还是乘车前往。同一品种果品成熟期各年略有差异，想到将军关果品采摘园进行果品采摘，先要咨询最佳采摘时间。将军关附近的长城较陡，要注意旅行安全。

线路24：打不垮的鱼子山

——鱼子山村抗日遗址和农业考察

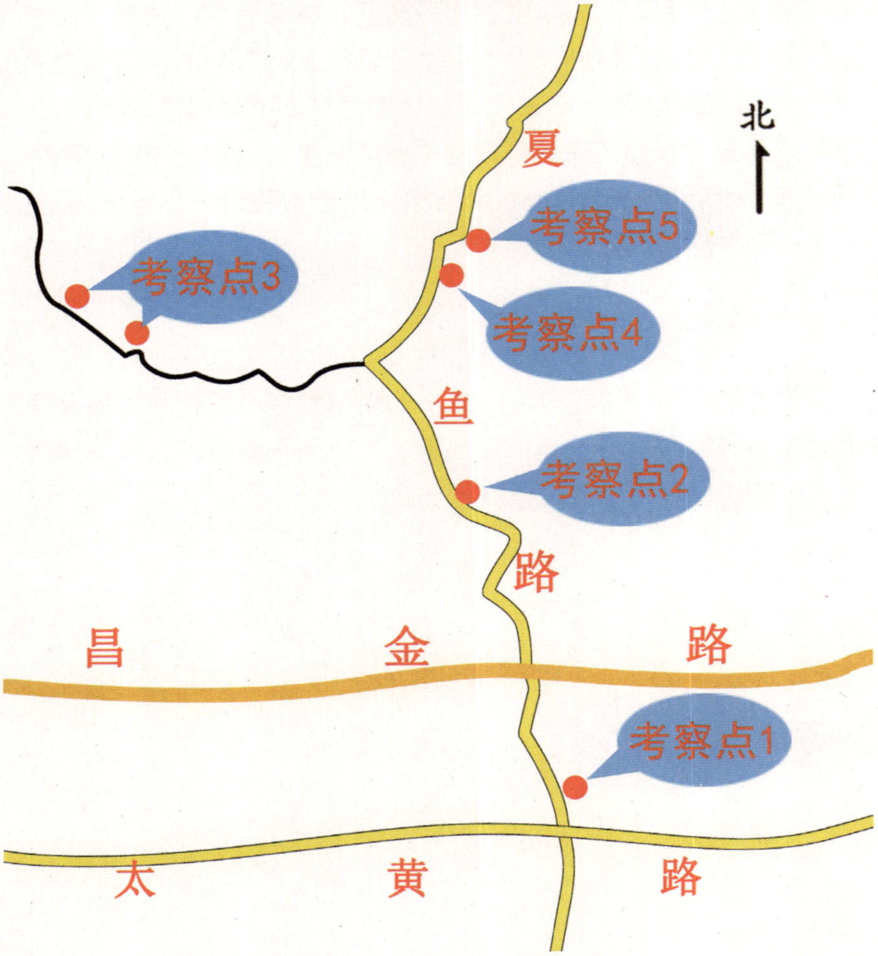

鱼子山村考察示意图

◎ 村落简介

鱼子山村位于平谷区山东庄镇东北5千米处的群山之中，由鱼子山、大果园、老官地、小麻子峪四个自然村组成。村委会驻地鱼子山聚落呈矩形，南北延伸于谷底台地上，其他自然村散布于谷底或山坡上。该村村域面积16.26平方千米，共693户、2890口人。

在抗日战争时期，鱼子山村成立了平谷区第一个党支部，是冀东抗日根据地的重要组成部分。党支部领导鱼子山人民与敌人进行浴血斗争，发挥了坚强的战斗核心作用。

新中国成立后，鱼子山人在党支部的率领下，积极进行社会主义建设，人民生活水平不断提高。如今的鱼子山村，村容整洁，生活富裕。2004年，该村被评为北京市“民俗旅游村”。

◎ 主要地理活动内容

乡村名称	考察点	内容编号	地理内容
平谷区 鱼子山村	1. 暖棚桃园	5.2因地制宜发展经济	因地制宜发展农业
	2. 鱼子山村	1.3村名的来历 1.4聚落的影响因素	地形对聚落分布的影响
	3. 平谷第一个党支部诞生地及平密蓟联合县委旧址	4.9革命史	红色旅游
	4. 鱼子山抗日战争纪念馆	2.1地质、地貌	地形条件
	5. 京东大峡谷景区	2.9资源的开发利用	旅游开发

◎ 考察步骤

考察点1：鱼子山暖棚桃园

由京平高速路到夏各庄收费站往北，沿夏鱼路北行至太（太平庄）黄（黄松峪）路相交的十字路口，十字路口北侧便是鱼子山村暖棚桃园。

图24-1　暖棚大桃

图24-2　大盖柿

图24-3　山口内谷底的苹果树

图24-4　较陡山坡地生态保护林

（1）观察鱼子山村大桃栽植情况，了解该村大桃种植的有利条件以及发展暖棚大桃的原因。

（2）走访村民，了解该村晚棚大桃的经济效益。

（3）走访村民，了解鱼子山村是如何因地制宜发展林果生产的。

考察点2：鱼子山村

从鱼子山大桃暖棚往北，沿夏鱼路前行约3千米便到了鱼子山村。

图24-5　鱼子山村村口标志

图24-6　鱼子山村村落

（4）走访村民，了解鱼子山村村名的由来。

（5）通过沿途观察鱼子山村民居的分布情况，分析地形对聚落分布的影响。

考察点3：平谷第一个党支部诞生地及平密蓟联合县委旧址

从鱼子山村委会驻地往北行约2千米，路西有“平谷第一个党支部诞生地”的标志，由此标志处西行约2千米，路北有一停车场。从停车场往西北沿狭窄山谷登台阶往上走约500米即到。

图24-7　平谷第一个党支部诞生地

图24-8　周边自然环境

图24-9　冀东地委西部分委旧址

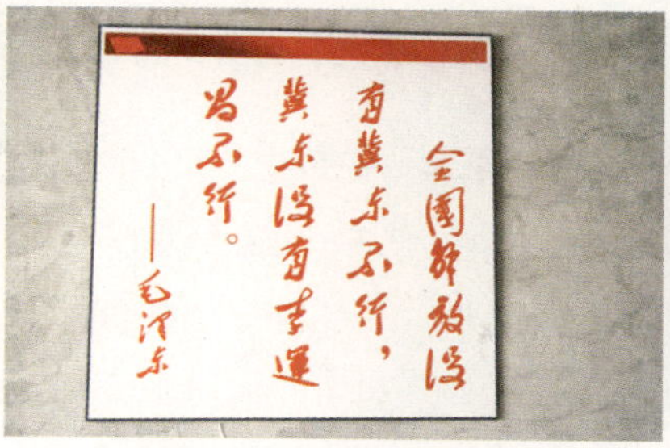

图24-10　毛主席题词

图24-11　平密蓟联合县委旧址

（6）观看展览，了解平谷区第一个党总支部——鱼子山党支部成立的背景。

考察点4：鱼子山抗日战争纪念馆

从鱼子山村委会往北行约4千米便到京东大峡谷景区大门，大门南侧便是鱼子山抗日战争纪念馆。

（7）思考建立鱼子山抗日根据地有利的自然地理条件。

图24-12　鱼子山抗日战争纪念馆

考察点5：京东大峡谷景区

自鱼子山抗日战争纪念馆出来便是京东大峡谷景区。

图24-13　京东大峡谷景区大门

图24-14　京东大峡谷水库大坝

（8）京东大峡谷景区有哪些景观，这些景观是以自然景观为主，还是以人文景观为主？

◎ 问题解析

（1）鱼子山村的大桃主要种植在山口外平原上，面积约500亩。这里土层较厚，土质为沙质土，适宜大桃生长。由于大桃成熟期比较集中，且不易储存，为了错开大桃的成熟期，鱼子山村发展了暖棚大桃，在人为创设的温室条件下，使大桃反季节生长，结果期提前，这里的早桃可在5月1日前成熟并投放市场。

（2）暖棚大桃因提前成熟，错开了大桃成熟的旺季，所以售价比较高，一般售价在每斤20元左右，而大桃大量上市时期的售价每斤2~3元。暖棚大桃经济效益明显高于露天栽培的大桃。

（3）鱼子山村是山区，村民根据本村自然条件因地制宜地发展林果生产。在山口外的平原上种植暖棚大桃，树下栽培草莓；在山口内的谷地和土层较厚的坡地上栽种苹果、核桃、红果、红杏、柿子等果树；在海拔较高，坡度较陡的山坡上发展生态保护林。

（4）鱼子山村的历史可以追溯到明代，因村北有长城，故当时在山口建山寨驻兵屯守，在寨旁的一块巨石上，到处是黄褐色小斑点，状如鱼子，故名鱼子山寨，后简称鱼子山，该村就是在山寨的基础上逐步演变而成的。

（5）鱼子山村由鱼子山、大果园、老官地、小麻子峪四个自然村组成。聚落分布深受地形的影响：村委会驻地鱼子山，聚落呈矩形，南北延伸于谷底鱼子山石河两岸的阶地上。其他自然村零星散布于谷底或山坡上。

（6）1940年以前，平谷没有基层党组织。在开创抗日根据地的过程中，冀东党委越来越认识到，应加强基层党组织和基层政权的建设，发挥基层党组织的战斗堡垒作用。冀东党委西部分委成立后，积极而又慎重地在基层发展党员，建立基层党支部。在这种背景下，冀东地委西部分委于1940年9月在鱼子山成立了鱼子山党支部，冀东西部分委书记江东主持了仪式。当时，鱼子山党支部有5名党员，王世勋为支部书记。

（7）鱼子山抗日根据地的建立并能在极其艰难困苦的形势下坚持下来，被冀东军民赞誉为“打不垮的鱼子山”的根本原因是共产党的坚强领导和人民的抗日积极性。另外，这里的自然地理环境也是鱼子山能成为抗日时期“打不垮的鱼子山”的有利条件。鱼子山地处平谷北部山区，属燕山余脉，西、北、东均是山地，山高、路险、林密，便于我抗日军民对敌人发动突然袭击，便于在袭击敌人后撤退转移。

（8）京东大峡谷景区，是以自然风光为主的景区。景区内的岩石为沉积岩，内外力作用形成了自鱼子山山口至响潭长达十余千米的峡谷。京东大峡谷是其中一段最为狭窄幽深的峡谷。京东大峡谷两侧山势巍峨，悬崖壁立，两侧山上的巨石有的似神龟，有的似太上老君，有的似城堡，个个形态逼真；惊、险、怪、灵、响五潭，潭奇水碧；井台山千亩松林苍翠，松涛阵阵，令人畅襟抒怀。景区内因地势较高，植被覆盖率高，所以这里夏季最高气温比市区低约5℃。凉爽宜人，空气中富含负氧离子，人们来此旅游既可呼吸新鲜空气，又可欣赏壮美景色，有益于人们的身心健康。

◎ 村落周边推荐景点

轩辕台

从鱼子山村出来沿夏鱼路往南到与太黄路相交的十字路口往西，沿太黄路西行约2千米，就到了位于山东庄村后的轩辕台。

轩辕台是一处人文景观。据考古专家考证，早在汉代，甚至早在战国时平谷就有了轩辕庙。1994年，山东庄村在轩辕台上重建了具有汉代风格的轩辕庙。庙内正殿是三皇殿，殿内供奉黄帝、神农氏、伏羲氏。来这里可以凭吊中华始祖，感受中华文化的源远流长，增强爱国情感。

◎ 参考信息

景区信息

自驾车：从东直门沿京平高速向东至夏各庄收费口往北拐，沿夏鱼路前行，到夏鱼路与太黄路相交的十字路口，路口北侧即是鱼子山大桃暖棚区。

公共交通：从东直门长途汽车站乘852（原918快1）公交车到平谷车站换乘平谷12路公交车，至太黄路与夏鱼路相交的十字路口下车，往北便到了鱼子山大桃暖棚区。

旅行建议

上午考察鱼子山暖棚桃园、鱼子山村落、京东大峡谷和抗日战争纪念馆；午饭后稍作休息考察平谷第一个党支部诞生地和平密蓟联合县委旧址。

后　记

《游乡村学地理——北京部分远郊区县地理野外考察活动推荐》是由首都师范大学首都基础教育发展研究院近年来承担的“课改实验中农村中小学教师参与式研修的行动研究与实施应用”项目的研究成果。

作为《游京郊学地理》的姊妹篇，本书延续以往的写作风格和形式，基于亲历考察现场的活动尝试，基于在具体情境中挑战地理专业意识的真实体验，更基于对地理专业学习过程的不断反思与创新。作为一项指向行动的研究，本书期待为更多的行动者——孩子和学生、家长和教师、同伴和团队——提供激活地理敏感、激发地理兴趣、展现专业才智的“入门式”自主学习活动，期待让人们拥有一双“地理眼”去不断发现生活、享受生活。

本书的撰写是由项目负责人王海燕提出，并由项目组成员集体讨论确定的。王海燕、杨光负责组稿，杨光和张明庆负责书稿的一审、二审。王海燕、杨光、张明庆负责终审工作，并对部分章节做了认真修改。单超负责绘制了有关篇章的活动示意图和图片的修订工作。

本书各篇的撰写者分别是：准备篇：杨光、张明庆；门头沟篇：李春旺；延庆篇：刘丽华；顺义篇：卢凤琪、刁云波、邵冬梅；怀柔篇：张林春；密云篇：屠守全、刘东宝、王健康；平谷篇：陈志山。

在本书的撰写过程中，得到了首都师范大学资源与环境学院林培英教授的关注和指导，并为本书作序；来自门头沟、延庆、顺义、怀柔、密云、平谷六个与首都师范大学开展区域教育合作项目的远郊区县教委领导、教研部门与教师培训部门的相关负责人为开展深入区县的地理考察活动给予了大力支持；六个区县的初中地理教师们更是以亲身参与、交流研讨，丰富了本书的思路与内容。首都师范大学出版社对本书的出版给予了大力支持。在本书付梓之际，我们谨表诚挚的谢意。

由于受到资料、时间、设备、经验等条件局限，加之对地理野外考察的专业挖掘与提炼还有待完善，不妥之处欢迎读者予以批评指正。

著　者

2012年6月